Photoshop 2020

实战 从入门到精通

涵品教育 主编

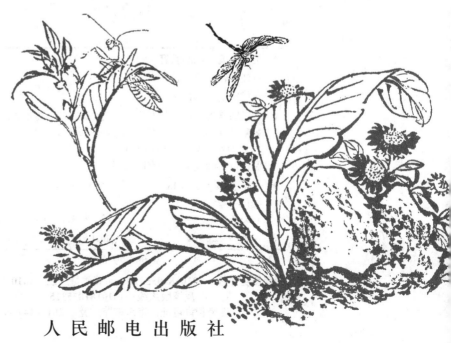

人民邮电出版社

北 京

图书在版编目（CIP）数据

Photoshop 2020实战从入门到精通：超值版 / 涵品教育主编. -- 北京：人民邮电出版社，2021.4
ISBN 978-7-115-55362-1

Ⅰ. ①P… Ⅱ. ①涵… Ⅲ. ①图像处理软件 Ⅳ. ①TP391.413

中国版本图书馆CIP数据核字(2021)第040922号

内 容 提 要

本书通过精选案例引导读者深入学习，系统地介绍 Photoshop 2020 的相关知识和应用方法。

本书分为 4 篇，共 15 章。第 1 篇为基础入门篇，主要介绍 Photoshop 2020 的基本操作，通过对本篇的学习，读者可以了解 Photoshop 2020 的基础知识，学会如何安装与设置 Photoshop 2020、文件的基本操作及图像的基本操作等；第 2 篇为功能应用篇，主要介绍 Photoshop 2020 中的各种功能操作，通过对本篇的学习，读者可以掌握 Photoshop 2020 的基本操作，如选区操作、图像的绘制与修饰、图层及图层样式的应用、蒙版与通道的应用、绘制矢量图像、文字编辑与排版，以及使用滤镜快速美化图片等操作；第 3 篇为综合案例篇，主要介绍 Photoshop 2020 在照片处理、艺术设计和淘宝美工中的应用；第 4 篇为高手秘籍篇，主要介绍印刷方面的知识及 Photoshop 全自动处理图像。

在本书附赠的资源中包含了与图书内容同步的教学录像及所有案例的配套素材和效果文件。此外，还赠送了大量相关学习内容的教学录像及扩展学习电子书等。

本书不仅适合 Photoshop 2020 初级、中级用户学习使用，而且可以作为各类院校相关专业学生和计算机培训班学员的教材或辅导用书。

◆ 主　　编　涵品教育
　　责任编辑　李永涛
　　责任印制　彭志环

◆ 人民邮电出版社出版发行　　北京市丰台区成寿寺路 11 号
　　邮编　100164　　电子邮件　315@ptpress.com.cn
　　网址　https://www.ptpress.com.cn
　　保定市中画美凯印刷有限公司印刷

◆ 开本：787×1092　1/16
　　印张：24.25
　　字数：621 千字　　　　　　　　　2021 年 4 月第 1 版
　　印数：1 – 2 000 册　　　　　　　2021 年 4 月河北第 1 次印刷

定价：79.80 元

读者服务热线：(010)81055493　印装质量热线：(010)81055316
反盗版热线：(010)81055315
广告经营许可证：京东市监广登字 20170147 号

本书特色

零基础、入门级的讲解

即便读者未从事辅助设计相关行业，不了解 Photoshop 2020，也能从本书中找到合适的起点。本书细致的讲解，可以帮助读者快速地从新手迈入高手行列。

精选内容，实用至上

全书内容经过精心选取编排，在贴近实际应用的同时，突出重点、难点，可以帮助读者深化理解所学知识，触类旁通。

实例为主，图文并茂

在讲解过程中，每个知识点均配有实例辅助讲解，每个操作步骤均配有对应的插图以加深认识。这种图文并茂的方法，能够使读者在学习过程中直观、清晰地看到操作过程和效果，有利于读者理解和掌握。

高手指导，扩展学习

本书以"高手支招"的形式为读者提供各种操作难题的解决思路，总结了大量系统且实用的操作方法，方便读者学习更多内容。

视频教程，互动教学

本书配套的视频教程与书中知识紧密结合并相互补充，可以帮助读者体验实际工作环境，掌握日常所需的知识和技能以及处理各种问题的方法，从而达到学以致用。

学习资源

12 小时配套视频

视频教程涵盖重要知识点，详细讲解每个实战案例的操作过程和关键要点，帮助读者轻松掌握书中的知识和技巧。

超多、超值资源大放送

随书奉送 Photoshop 2020 常用快捷键查询手册、颜色代码查询表、颜色英文名称查询表、网页配色方案速查表、500 个经典 Photoshop 设计案例效果图、300 页精选会声会影软件应用电子书、5 小时 Photoshop 经典创意设计案例教学录像、13 小时 Dreamweaver CC 教学录像、5 小时 Flash CC 教学录像等超值资源，以方便读者扩展学习。

扩展学习资源下载方法

读者使用微信扫描封底二维码，关注"职场精进指南"公众号，发送"55362"后即可获得资源下载链接和提取码。将下载链接复制到任何浏览器中并访问下载页面，即可通过提取码下载本书的扩展学习资源。

👥 创作团队

本书由龙马高新教育策划，涵品教育主编，参与本书编写、资料整理、多媒体开发及程序调试的人员有孔万里、周奎奎、张任、张田田、尚梦娟、李彩红、尹宗都、王果、陈小杰、邓艳丽、崔姝怡、侯蕾、左花苹、刘锦源、普宁、王常吉、师鸣若、钟宏伟、陈川、刘子威、徐永俊、朱涛和张允等。

在本书的编写过程中，我们竭尽所能地将优秀的讲解呈现出来，但也难免有疏漏和不妥之处，敬请广大读者不吝指正。若读者在阅读本书过程中产生疑问或有任何建议，均可发送电子邮件至 liyongtao@ptpress.com.cn。

编者

2020 年 6 月

第1篇
基础入门篇

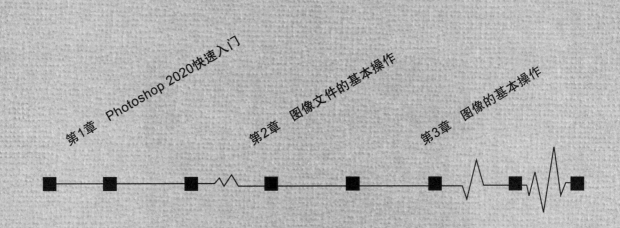

第 1 章

Photoshop 2020快速入门

 **学习目标**

    Photoshop 2020是图形图像处理的专业软件，是优秀设计师的必备工具之一。Photoshop不仅为图形图像设计提供了一个更加广阔的发展空间，而且在图形图像处理中还有化腐朽为神奇的功能。

学习效果

1.1 了解Photoshop的大神通

Photoshop作为专业的图形图像处理软件，是许多从事平面设计工作人员的必备工具，广泛地应用于广告公司、制版公司、输出中心、印刷厂、图形图像处理公司、婚纱影楼以及网页设计类公司等。

1. 平面设计

Photoshop应用最为广泛的领域是平面设计。在日常生活之中，走在大街上随意看到的招牌、海报、招贴、宣传单等具有丰富图像的平面印刷品，大多是需要使用Photoshop软件对图像进行处理的。例如下图的冰箱广告设计，通过Photoshop将冰箱产品主体和F1赛车结合，更好地体现出了产品的强烈冷冻效果。

2. 界面设计

界面设计作为一个新兴的设计领域，在还未成为一种全新职业的情况下，受到许多软件企业及开发者的重视。对于界面设计来说，并没有一个专用于界面设计制作的专业软件，因为绝大多数设计者是使用Photoshop来进行设计的。

3. 插图（画）设计

插图（画）是运用图案表现的形象，本着审美与实用相统一的原则，尽量使线条，形态清晰明快，制作方便。插图是世界都能通用的语言，在商业应用上很多是使用Photoshop来进行设计的。

4. 网页设计

网络的普及是促使更多人需要掌握Photoshop的一个重要原因。因为在制作网页时Photoshop是必不可少的网页图像处理软件。

5. 绘画与数码艺术

基于Photoshop的良好绘画与调色功能，可以通过手绘草图，然后利用Photoshop进行填色的方法来绘制插画；也可通过在Photoshop中运用Layer（图层）功能，直接在Photoshop中进行绘画与填色；还可以从中绘制各种效果，如插画、国画等，其表现手法也各式各样，如水彩风格、马克笔风格、素描等。

6. 数码摄影后期处理

Photoshop具有强大的图像修饰功能。利用这些功能，可以调整影调、调整色调、校正偏色、替换颜色、溶图、快速修复破损的老照片、合成全景照片、后期模拟特技拍摄、上色等，也可以修复人脸上的斑点等缺陷。

7. 动画设计

动画设计师可以手绘，然后用扫描仪进行数码化，再采用Photoshop软件进行处理，也可以直接在Photoshop软件中进行动画设计制作。

8. 文字特效

通过Photoshop对文字进行处理，文字就已不再是普普通通的文字；Photoshop的强大功能使文字可以发生各种各样的变化，并利用这些特效处理后的文字为图像增加效果。

9. 服装设计

最常见的，是在各大影楼里使用Photoshop对婚纱的设计处理。然而在服装行业上，Photoshop也充当着一个不可缺或的角色，服装的设计、服装设计效果图等诸如此类的，都体现了Photoshop在服装行业上的重要性。

10. 建筑效果图后期修饰

在制作的建筑效果图中包括许多三维场景时，人物与配景包括场景的颜色常常需要在Photoshop中增加并调整。

11. 绘制或处理三维贴图

在三维软件制作模型中，如果模型贴图的色调、规格或其他因素不适合，可通过Photoshop对贴图进行调整。还可以利用Photoshop制作在三维软件中无法得到的合适的材质。

还可以适用于制作小小的图标。而且，使用Photoshop制作出来的图标还非常精美。

12. 图标制作

Photoshop除了能应用于各大行业之外，

1.2 安装Photoshop 2020

在学习Photoshop 2020之前，首先要安装Photoshop 2020软件。下面介绍在Windows 10系统中安装Photoshop 2020的方法。

1.2.1 安装Photoshop 2020的硬件要求

在Windows系统中运行Photoshop 2020的配置要求如下。

处理器	带有64位支持的Intel或AMD处理器；2GHz或速度更高的处理器
操作系统	带有Service Pack 1的Microsoft Windows 7（64位）、Microsoft Windows 10（64位）1809版本或更高版本
内存	2GB内存或更大内存（推荐8GB或更大的内存）
显卡	nVIDIA GeForce GTX 1050或等效的显卡（推荐使用nVIDIA GeForce GTX 1660或Quadro T1000）
硬盘	64位安装需要3.1GB或更大的可用硬盘空间，安装过程中会需要更多可用空间（无法在使用区分大小写的文件系统的卷上安装）
显示器分辨率	1080像素×800像素的显示器分辨率，带有16 位色彩和512MB或更大的专用VRAM（建议使用2GB）
OpenGL	支持OpenGL 2.0的系统
Internet	必须具备Internet连接并完成注册，才能进行所需的激活、订阅验证和在线服务访问

小提示

Photoshop 2020仅支持64位操作系统，不支持32位的操作系统。

1.2.2 获取Photoshop 2020安装包

Adobe Photoshop 2020为Adobe Photoshop Creative Cloud的简称。对用户来说，Photoshop 2020版软件将带来一种新的【云端】工作方式。首先，所有Photoshop 2020软件取消了传统的购买单个序列号的授权方式，改为在线订阅制。用户可以按月或按年付费订阅，可以订阅单个软件，也可以订阅全套产品。

用户到Adobe官网的下载页面就可以购买或使用Adobe Photoshop 2020软件。

1.2.3 Photoshop 2020的安装过程

Photoshop 2020是专业的设计软件，安装方法比较简单，具体的安装步骤如下。

步骤 01 打开安装文件所在的文件夹，双击【Set-up.exe】安装文件图标。

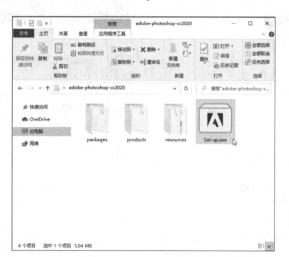

步骤 02 弹出【Photoshop 2020安装程序】对话框，默认语言为"简体中文"，默认安装位置为系统盘中的"\Program Files\Adobe"，如无修改，单击【继续】按钮（如果修改位置可单击 📁 按钮，进行修改即可）。

步骤03 开始安装软件，并显示安装进度，如下图所示。

步骤04 软件安装完成后，提示"安装完成"信息，单击【关闭】按钮完成安装。

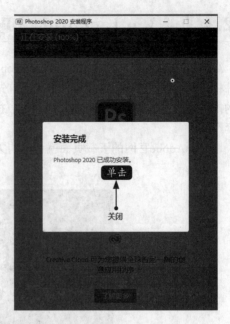

步骤05 返回桌面，即可看到桌面上显示的Adobe Photoshop 2020快捷图标。

小提示

　　用户也可以安装Adobe Creative Cloud组件，里面集成了Photoshop 2020软件，且支持一键安装Photoshop 2020。

1.2.4 卸载Photoshop 2020

卸载Photoshop 2020的具体步骤如下。

步骤 01 按【Windows+I】组合键，打开【设置】面板，单击【应用】选项。

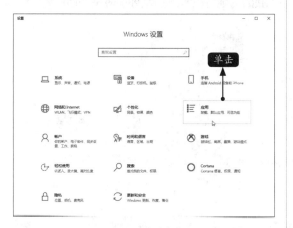

步骤 02 在应用列表中选择【Adobe Photoshop 2020】，并单击【卸载】按钮。

步骤 03 在弹出的提示框中，单击【卸载】按钮即可根据提示卸载Photoshop 2020。

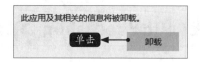

1.3 启动与退出Photoshop 2020

安装好软件后，第一步需要掌握正确启动与退出的方法。Photoshop 2020软件的启动和退出方法与其他软件类似。

1.3.1 启动Photoshop 2020

下面是启动Photoshop 2020的3种方法。

（1）【开始】菜单按钮方式。

步骤 01 按【Windows】键，打开【开始】菜单，在显示的程序列表中，选择【Adobe Photoshop 2020】命令。

步骤 02 此时，即可启动Photoshop 2020软件并进入主界面，如下图所示。

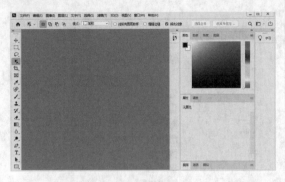

（2）桌面快捷方式图标方式。

用户在安装Photoshop 2020时，安装向导会自动地在桌面上生成一个Photoshop 2020的快捷方式图标 **Ps**。用户双击桌面上的Photoshop 2020快捷方式图标，即可启动Photoshop 2020软件。

（3）通过【打开文件】方式。

用户也可以右键单击图片文件，在弹出的快捷菜单中选择【打开方式】➤【Adobe Photoshop 2020】命令启动Photoshop 2020。如果文件格式为PSD，则可以直接启动Photoshop 2020。

1.3.2 退出Photoshop 2020

如果需要退出Photoshop 2020程序，可以采用以下4种方法。

1. 通过【文件】菜单

可以通过选择Photoshop 2020菜单栏中的【文件】➤【退出】命令，退出Photoshop 2020程序。

2. 通过标题栏

步骤 01 单击Photoshop 2020标题栏左侧的图标 **Ps**。

步骤 02 在弹出的下拉菜单中选择【关闭】命令，退出Photoshop 2020程序。

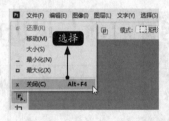

3. 通过【关闭】按钮

步骤 01 单击Photoshop 2020界面右上角的【关闭】按钮 ✕ ，退出Photoshop 2020程序。

步骤 02 此时，若用户的文件没有保存，程序会弹出一个对话框提示用户是否需要保存文件；若用户的文件已经保存过，程序则会直接关闭。

4. 通过快捷键

按【Alt+F4】组合键退出Photoshop 2020程序。

1.4　认识Photoshop 2020的工作界面

随着版本的不断升级，Photoshop的工作界面的布局设计更加合理和人性化，更加便于操作和理解，同时也更加易于被人们接受。

1.4.1　工作界面概览

启动Photoshop 2020软件后，可以看到Photoshop 2020工作界面主要由标题栏、菜单栏、工具箱、任务栏、面板和工作区等几部分组成。

1.4.2　菜单栏

Photoshop 2020的菜单栏中包含11组主菜单，分别是文件、编辑、图像、图层、文字、选择、滤镜、3D、视图、窗口、帮助。每组菜单内都包含一系列的命令，这些命令按照不同的功能采用分割线进行分离。

文件(F)　编辑(E)　图像(I)　图层(L)　文字(Y)　选择(S)　滤镜(T)　3D(D)　视图(V)　窗口(W)　帮助(H)

菜单栏中包含可以执行任务的各种命令，单击菜单名称即可打开相应的菜单。

1.4.3　工具箱

工具箱中集合了图像处理过程中使用最频繁的工具，对应着Photoshop 2020中文版中比较重要的功能。选择【窗口】➤【工具】命令可以隐藏和打开工具箱；默认情况下，工具箱在屏幕的左侧。用户可通过拖移工具箱的标题栏来移动它。

工具箱中的某些工具具有出现在上下文相关工具选项栏中的选项。通过这些工具，可以进行文字、选择、绘画、绘制、取样、编辑、移动、注释和查看图像等操作。通过工具箱中的工具，还可以更改前景色／背景色以及在不同的模式下工作。

单击工具箱上方的双箭头" "，可以双排显示工具箱；再单击一次" 按钮，工具箱恢复单行显示。

将鼠标指针放在任何工具上，用户可以查看有关该工具的名称、对应的快捷键及如何使用。

工具箱如右图所示。

1.4.4 工具选项栏

选择某项工具后，工具选项栏中会出现相应的工具选项，在工具选项栏中可对工具参数进行相应设置。选中【移动工具】 时的选项栏如下图所示。

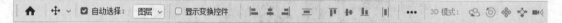

选项栏中的一些设置（如绘画模式和不透明度）对于许多工具是通用的，但是有些设置则专用于某个工具（如用于铅笔工具的【自动抹掉】设置）。

1.4.5 面板

控制面板是Photoshop 2020中进行颜色选择、图层编辑、路径编辑、通道编辑和撤销编辑等操作的主要功能面板，是工作界面的重要组成部分。

1. Photoshop 2020面板的基本认识

步骤 01 选择【窗口】▶【工作区】▶【基本功能(默认) 】命令。

步骤02 Photoshop 2020以"基本功能"的工作区显示，其面板状态如下图所示。

步骤03 单击面板右方的折叠为图标按钮 **》**，可以折叠面板；再次单击折叠为图标按钮，可以恢复控制面板。

2. Photoshop 2020控制面板操作

步骤01 在Photoshop 2020中选择【窗口】➤【图层】命令，可以打开或隐藏【图层】面板，如下图所示。

步骤02 将鼠标放在面板位置，拖曳鼠标可以移动面板；将光标放在【图层】面板名称上，拖曳鼠标，可以将【图层】面板移出所在面板，也可以将【图层】面板拖曳至其他面板中，如右上图所示。

步骤03 拖动面板下方的按钮，可以调整面板的大小。当鼠标指针变成双向箭头时拖曳鼠标，可调整面板大小。

步骤04 单击面板右上角的【关闭】按钮 **✕**，可以关闭面板。

> **小提示**
>
> 按快捷键【F5】可以打开【画笔】面板，按快捷键【F6】可以打开【颜色】面板，按快捷键【F7】可以打开【图层】面板，按快捷键【F8】可以打开【信息】面板，按【Alt+F9】组合键可以打开【动作】面板。

1.4.6 状态栏

Photoshop 2020状态栏位于文档窗口底部。状态栏可以显示文档窗口的缩放比例、文档大小、当前使用工具等信息。

12.5%　4032 像素 x 6048 像素 (300 ppi)　〉

单击状态栏上的 〉按钮，即可弹出一个菜单。

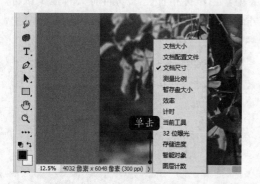

步骤 01 在Photoshop 2020状态栏单击"缩放比例"文本框，在文本框中输入缩放比例，按【Enter】键确认，可按输入比例缩放文档中的图像。

100%　4032 像素 x 6048 像素 (300 ppi)　〉

步骤 02 如果在状态栏上按住鼠标左键不放，则可显示图像的宽度、高度、通道、分辨率等信息。

步骤 03 按住【Ctrl】键同时按住鼠标左键单击状态栏，可以显示图像的拼贴宽度、拼贴高度、图像宽度、图像高度等信息。

步骤 04 单击Photoshop 2020状态栏中的 〉按钮，可在打开的菜单中选择状态栏所要显示的内容。

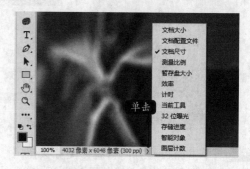

● 【文档大小】：显示有关图像中的数据量信息。选择该选项后，状态栏中会出现两组数字，如下图所示，左边的数字是拼合图层并储存文件后的大小，右边的数字是包含图层和通道的近似大小。

100%　　文档:69.8M/69.8M　　　　〉

● 【文档配置文件】：显示图像所使用的颜色配置文件的名称。

100%　　sRGB IEC61966-2.1 (8bpc)　　〉

● 【文档尺寸】：显示图像的尺寸。

100%　4032 像素 x 6048 像素 (300 ppi)　〉

● 【测量比例】：显示文档的比例。

100%　　1 像素 = 1.0000 像素　　　〉

● 【暂存盘大小】：显示有关处理图像的内存和暂存盘信息。选择该选项后，状态栏会出现两组数字，左边的数字表示程序用来显示所有打开的图像的内存量，右边的数字表示可用于处理图像的总内存量。如果左边的数字大于右边的数字，Photoshop 2020将启用暂存盘作为虚拟内存来使用。

100%　　暂存盘: 1.57G/10.2G　　　〉

● 【效率】：显示执行操作实际花费时间的百分比。当效率为100%时，表示当前处理的图像在内存中生成；当效率低于100%时，表示Photoshop 2020正在使用暂存盘，操作速度会变慢。

100%	效率: 100%*	>

- 【计时】显示完成上一次操作所用的时间。

100%	0.4秒	>

- 【当前工具】：显示当前使用的工具的名称。

100%	画笔	>

- 【32位曝光】：用于调整预览图像，以便在计算机显示器上查看32位／通道高动态范围（HDR）图像的选项。只有文档窗口中显示HDR图像时，该选项才可用。

100%	曝光只在 32 位起作用	>

- 【存储进度】：保存文件时，显示存储进度。
- 【智能对象】：显示当前使用的智能对象状态。
- 【图层计数】：显示当前使用的图层数量。

1.5 使用快捷键

灵活使用Photoshop 2020软件快捷键是学好该软件的基础，所以熟记一些快捷键非常重要。

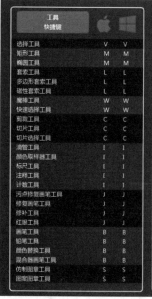

工具 快捷键		
选择工具	V	V
矩形工具	M	M
椭圆工具	M	M
套索工具	L	L
多边形套索工具	L	L
磁性套索工具	L	L
魔棒工具	W	W
快速选择工具	W	W
剪裁工具	C	C
切片工具	C	C
切片选择工具	C	C
滴管工具	I	I
颜色取样器工具	I	I
标尺工具	I	I
注释工具	I	I
计数工具	I	I
污点修复画笔工具	J	J
修复画笔工具	J	J
修补工具	J	J
红眼工具	J	J
画笔工具	B	B
铅笔工具	B	B
颜色替换工具	B	B
混合器画笔工具	B	B
仿制图章工具	S	S
图案图章工具	S	S

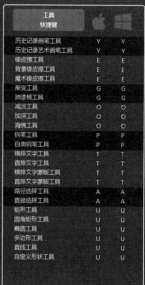

工具 快捷键		
历史记录画笔工具	Y	Y
历史记录艺术画笔工具	Y	Y
橡皮擦工具	E	E
背景橡皮擦工具	E	E
魔术橡皮擦工具	E	E
渐变工具	G	G
油漆桶工具	G	G
减淡工具	O	O
加深工具	O	O
海绵工具	O	O
钢笔工具	P	P
自由钢笔工具	P	P
横排文字工具	T	T
直排文字工具	T	T
横排文字蒙版工具	T	T
直排文字蒙版工具	T	T
路径选择工具	A	A
直接选择工具	A	A
矩形工具	U	U
圆角矩形工具	U	U
椭圆工具	U	U
多边形工具	U	U
直线工具	U	U
自定义形状工具	U	U

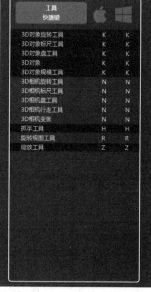

工具 快捷键		
3D对象旋转工具	K	K
3D对象标尺工具	K	K
3D对象平移工具	K	K
3D对象	K	K
3D对象规模工具	K	K
3D相机旋转工具	N	N
3D相机标尺工具	N	N
3D相机盘工具	N	N
3D相机行走工具	N	N
3D相机变焦	N	N
抓手工具	H	H
旋转视图工具	R	R
缩放工具	Z	Z

1.6 图像的基础知识

　　下面学习图像的基础知识，包括图像的分类、位图与矢量图的区别及彩色模式等。

1.6.1 图像的分类

　　计算机图像的基本类型是数字图像，它是以数字方式记录、处理和保存的图像文件。根据图像生成方式的不同，可以将图像划分为位图和矢量图两种类型。Photoshop 2020是典型的位图图像处理软件，但它也包含一部分矢量功能，可以创建矢量图形和路径。了解两类图像间的差异，对于创建、编辑和导入图片是非常有帮助的。

1.6.2 位图与矢量图的区别

位图也称为像素图或点阵图，它由网格上的点组成，这些点称为像素。当位图放大到一定程度时，可以看到位图是由一个个小方格组成的，这些小方格就是像素。像素是位图图像中最小的组成元素，位图的大小和质量由像素的多少决定，像素越多，图像越清晰，颜色之间的过渡也越平滑。位图图像的主要优点是表现力强、层次多、细腻、细节丰富，可以十分逼真地模拟出像照片一样的真实效果。位图图像可以通过扫描仪和数码相机获得，也可通过如Photoshop 和Corel PHOTO-PAINT 等软件生成。

在屏幕上缩放位图图像时，它们可能会丢失细节，因为位图图像与分辨率有关，它们包含固定数量的像素，并且为每个像素分配了特定的位置和颜色值。 如果在打印位图图像时采用的分辨率过低，位图图像可能会呈锯齿状，因为此时增加了每个像素的大小。

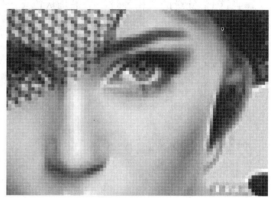

矢量图是用一系列计算机指令来描述和记录图像的，它由点、线、面等元素组成，记录的是对象的几何形状、线条粗细和色彩属性等。矢量图的主要优点是不受分辨率影响，任何尺寸的缩放都不会改变图像的清晰度和光滑度。矢量图只能通过CorelDRAW或Illustrator 等软件生成。

矢量图与分辨率无关，也就是说，可以将它们缩放到任意尺寸，可以按任意分辨率打印，而不会丢失细节或降低清晰度。 因此，矢量图最适合表现醒目的图形。

1.6.3 彩色模式：RGB和CMYK

1. RGB颜色模式

Photoshop 的RGB颜色模式使用RGB模型，对于彩色图像中的每个RGB（红色、绿色、蓝色）分量，为每个像素指定一个 0（黑色）~ 255（白色）的强度值。例如，亮红色可能 R 值为246，G 值为 20，B 值为 50。

不同的图像中RGB各个成分也不尽相同，可能有的图中R（红色）成分多一些，有的图中B（蓝色）成分多一些。在计算机中显示时，RGB的多少是指亮度，并用整数来表示。通常情况下，RGB的3个分量各有256级亮度，用数字0，1，2，…，255表示。注意：虽然数字最大是255，但0也是数值之一，因此共有256级。

当这3个分量的值相等时，结果是灰色。

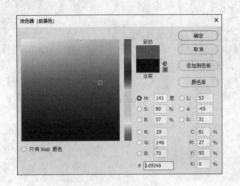

当所有分量的值均为255时，结果是纯白色。

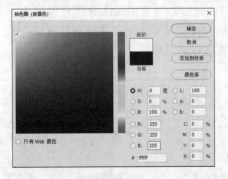

当所有分量的值均为0时，结果是纯黑色。

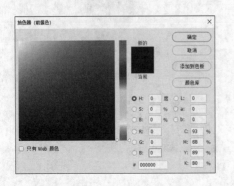

RGB图像使用3种颜色或3个通道在屏幕上重现颜色。

这3个通道将每个像素转换为24位（8位×3通道）色信息。对于24位图像可重现多达1 670万种颜色，对于48位图像（每个通道16位）可重现更多的颜色。新建的Photoshop图像的默认模式为RGB，计算机显示器、电视机、投影仪等均使用RGB模型显示颜色。这意味着在使用非RGB颜色模式（如CMYK）时，Photoshop 会将 CMYK图像插值处理为RGB，以便在屏幕上显示。

2. CMYK颜色模式

当阳光照射到一个物体上时，这个物体将吸收一部分光线，并将剩下的光线进行反射，反射的光线就是我们所看见的物体颜色。这是一种减色色彩模式，同时也是与RGB模式的根本不同之处。我们不但看物体的颜色时用到了这种减色模式，而且在纸上印刷时应用的也是这种减色模式。

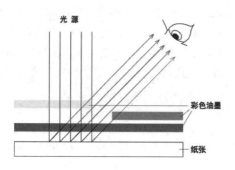

按照这种减色模式，可以衍变出适合印刷的CMYK色彩模式。

CMYK代表印刷上用的4种颜色，C代表青色（Cyan），M代表洋红色（Magenta），Y代表黄色（Yellow），K代表黑色（Black）。

因为在实际应用中，青色、洋红色和黄色很难叠加形成真正的黑色，最多不过是褐色而已，因此才引入了K——黑色。黑色的作用是强化暗调，加深暗部色彩。每个颜色通道的颜色也是8位，即256种亮度级别，4个通道组合使得每个像素具有32位的颜色容量，在理论上能产生2^{32}种颜色。但是由于目前的制造工艺还不能造出高纯度的油墨，CMYK相加的结果实际上是一种暗红色，因此还需要加入一种专门的黑墨来中和。

CMYK模式以打印纸上的油墨的光线吸收特性为基础，当白光照射到半透明油墨上时，色谱中的一部分被吸收，另一部分被反射回眼睛。理论上，纯青色（C）、洋红色（M）和黄色（Y）色素混合将吸收所有的颜色并生成黑色，因此CMYK模式是一种减色模式，即为最亮（高光）颜色指定的印刷油墨颜色百分比较低，为较暗（暗调）颜色指定的百分比较高。例如，亮红色可能包含2%青色、93%洋红色、90%黄色和0%黑色。因为青色的互补色是红色（洋红色和黄色混合即能产生红色），减少青色的百分含量，其互补色红色的成分也就

越多，因此模式是靠减少一种通道颜色来加亮它的互补色，这显然符合物理学原理。

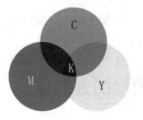

CMYK通道的灰度图与RGB类似。RGB灰度表示色光亮度，CMYK灰度表示油墨浓度。但两者对灰度图中的明暗有着不同的定义。

RGB通道灰度图中较白部分表示亮度较高，较黑表示亮度较低，纯白表示亮度最高，纯黑表示亮度为0。RGB模式下通道明暗的含义如下图所示。

CMYK通道灰度图中较白部分表示油墨含量较低，较黑部分表示油墨含量较高，纯白表示完全没有油墨，纯黑表示油墨浓度最高。CMYK模式下通道明暗的含义如下图所示。

在制作要用印刷色打印的图像时，应使用CMYK模式。将RGB图像转换为CMYK，即产生分色。如果从RGB图像开始，则最好首先在 RGB 模式下编辑，然后在处理结束时转换为CMYK。在RGB模式下，可以使用【校样设置】（选择【视图】➤【校样设置】）命令模拟CMYK转换后的效果，而无须真的更改图像的数据。也可以使用CMYK模式直接处理从高端系统扫描或导入的CMYK图像。

1.6.4 图像的分辨率

分辨率是指单位长度上像素的多少。单位长度上像素越多，分辨率越高，图像就相对比较清晰。分辨率有多种类型，可以分为位图图像分辨率、显示器分辨率和打印机分辨率等。

1. 图像分辨率

图像分辨率是指图像中每个单位长度上所包含像素的数目，常以"像素/英寸"（ppi）为单位表示，如"96ppi"表示图像中每英寸包含96个像素或点。分辨率越高，图像文件所占用的磁盘空间就越大，编辑和处理图像文件所需花费的时间也就越长。

在分辨率不变的情况下改变图像尺寸，则文件大小将发生变化，尺寸大则保存的文件大。若改变分辨率，则文件大小也会相应发生改变。

2. 显示器分辨率

显示器分辨率是指显示器每个单位长度上显示的点的数目，常以"点/英寸"（dpi）为单位表示，如"72dpi"表示显示器上每英寸显示72个像素或点 。PC机显示器的典型分辨率约为96 dpi，MAC 机显示器的典型分辨率约为72 dpi。当图像分辨率高于显示器分辨率时，图像在显示器屏幕上显示的尺寸会比指定的打印尺寸大。需要注意的是，图像分辨率可以更改，而显示器分辨率则是不可更改的。图像分辨率和图像尺寸（高和宽）的值共同决定文件的大小及输出的质量，该值越大，图形文件所占用的磁盘空间也就越多。图像分辨率以比例关系影响着文件的大小，即文件大小与其图像分辨率的平方成正比。如果保持图像尺寸不变，将图像分辨率提高1倍，则其文件大小增大为原来的4倍。

下图所示为两幅相同的图像，分辨率分别为 72 ppi（普通分辨率）和 300 ppi（较高分辨率）。

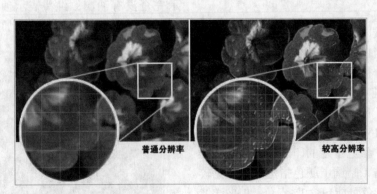

高手支招

技巧1：如何优化工作界面

Photoshop 2020提供了屏幕模式按钮 ，单击按钮右侧的三角箭头可以选择【标准屏幕模式】【带有菜单栏的全屏模式】和【全屏模式】3个选项来改变屏幕的显示模式，也可以使用快捷键【F】键来实现3种模式之间的切换。建议初学者使用【标准屏幕模式】选项。

小提示

当工作界面较为混乱时，可以选择【窗口】▶【工作区】▶【默认工作区】命令恢复到默认的工作界面。

要拥有更大的画面观察空间，可以使用全屏模式。带有菜单栏的全屏模式如下图所示。

单击屏幕模式按钮 ，选择【全屏模式】时，系统会自动弹出【信息】对话框。单击【全屏】按钮，即可转换为全屏模式。

全屏模式如下图所示。

在全屏模式下时，按【Esc】键可以返回到主界面。

技巧2：更改Photoshop的界面肤色

Photoshop默认的界面颜色是黑色，用户可以根据需求设置为其他颜色。Photoshop包含4种颜色，除黑色外，还可以设置为柔和的浅灰色、比较中性的灰色及科技范十足的深灰色。例如，将界面颜色设置为浅灰色的具体操作步骤如下。

步骤 01 按【Ctrl+K】组合键，打开【首选项】对话框，并选择【界面】选项卡。

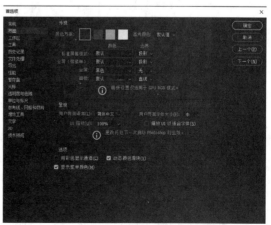

步骤 02 单击【颜色方案】中的【浅灰】按钮，界面即可显示为所选颜色，单击【确定】按钮即可生效。

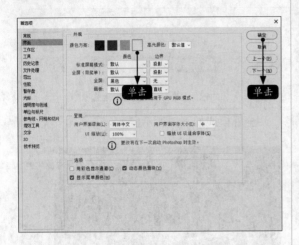

技巧3：解决使用Photoshop时提示C盘已满问题

在使用Photoshop过程中，当打开多个图像文件时，可能会提示"C盘已满"的信息。默认情况下，Photoshop将安装了操作系统的硬盘驱动器用作主暂存盘，打开的文件所占用的内存均占用该磁盘空间。

用户可根据需求将暂存盘修改到其他驱动器上，具体操作步骤如下。

步骤 01 按【Ctrl+K】组合键，打开【首选项】对话框，并选择【暂存盘】选项卡。

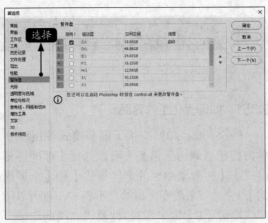

步骤 02 取消选中C盘驱动器前的复选框，选中其他驱动器前的复选框，可以选中多个，如下图即为同时选中D盘和E盘驱动器前的复选框，单击【确定】按钮即可。

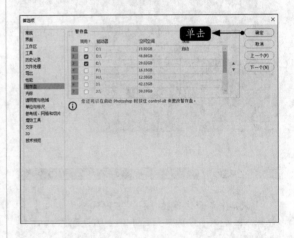

第2章

图像文件的基本操作

学习目标

绘制或处理图像，首先要新建、导入或打开图像文件，处理完成之后，再进行保存，这是最基本的流程。本章主要介绍Photoshop 2020中图像文件的基本操作。

学习效果

2.1 新建图像文档

在Photoshop中不仅可以编辑一个已有的图像，也可以先在Photoshop中创建全新的空白文件，然后在上面绘制图像，或者将其他图像置入其中，再对其进行编辑。

步骤 01 启动Photoshop 2020软件，进入初始界面，单击【新建】按钮。

小提示

在Photoshop 2020工作界面，可以选择【文件】➤【新建】命令或按【Ctrl+N】组合键选择【新建】命令。

步骤 02 系统弹出【新建文档】对话框，如下图所示。

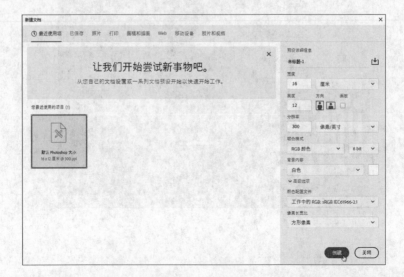

制作网页图像时一般是用【像素】作为单位，制作印刷品时则是用【厘米】作为单位。

【名称】文本框：用于填写新建文件的名称。【未标题 -1】是 Photoshop 默认的名称，可以将其改为其他名称。

【最近使用项】选项卡：提供预设文件尺寸及自定义尺寸。

【宽度】设置框：用于设置新建文件的宽度，默认以"像素"为宽度单位，也可以选择"英寸""厘米""毫米""点""派卡"和"列"等为单位。

【高度】设置框：用于设置新建文件的高度。

【分辨率】设置框：用于设置新建文件的分辨率。默认以"像素/英寸"为分辨率的单位，也可以选择"像素/厘米"为单位。

【颜色模式】下拉列表：用于设置新建文件的模式，包括位图、灰度、RGB 颜色、CMYK 颜色和 Lab 颜色等模式。

【背景内容】下拉列表：用于选择新建文件的背景内容，包括白色、背景色和透明三种。

① 白色：白色背景。

② 背景色：以所设定的背景色（相对于前景色）为新建文件的背景。

③ 透明：透明的背景（以灰色与白色交错的格子表示）。

【照片】选项卡：提供预设照片的文件尺寸及自定义尺寸，并提供相关模板，如下图所示。

插图的文件尺寸及自定义尺寸，并提供相关模板，如下图所示。

【打印】选项卡：提供预设打印的文件尺寸及自定义尺寸，并提供相关模板，如下图所示。

【Web】选项卡：提供预设Web使用的图形尺寸及自定义尺寸，并提供相关模板，如下图所示。

【图稿和插图】选项卡：提供预设图稿和

【移动设备】选项卡：提供预设移动设备使用的图形尺寸及自定义尺寸，并提供相关模板，如下图所示。

关模板，如下图所示。

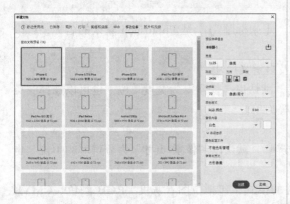

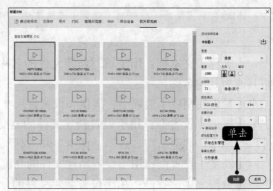

【胶片和视频】选项卡：提供预设胶片和视频使用的常用尺寸及自定义尺寸，并提供相

步骤 03 设置参数后，单击【创建】按钮即可创建一个标题为"未标题-1"的空白文件，如下图所示。

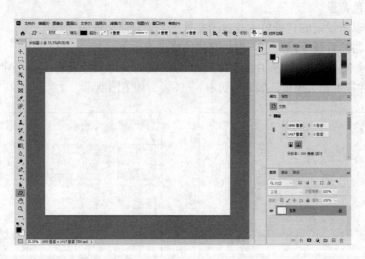

2.2 打开图像文件

打开图像文件的方法有5种。

2.2.1 用"打开"命令打开文件

使用"打开"命令打开图像文件是最为常用的操作方法，具体操作方法如下。

步骤 01 选择【文件】▶【打开】命令。

第2章
图像文件的基本操作

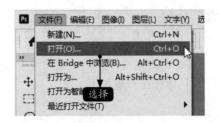

步骤 02 系统打开【打开】对话框。一般情况下【文件类型】默认为【所有格式】，也可以选择某种特定的文件格式，然后在大量的文件中进行筛选。

> **小提示**
>
> 用户可以使用【Ctrl+O】组合键或在工作区域双击，快速打开【打开】对话框。

步骤 03 单击【打开】对话框中的【显示预览

窗格】按钮，可以选择以预览图的形式显示图像。

步骤 04 选中要打开的文件，然后单击【打开】按钮或直接双击文件即可打开文件。

2.2.2 用"打开为"命令打开文件

当需要打开一些没有后缀名的图形文件（通常这些文件的格式是未知的）时，就需要用到"打开为"命令。

步骤 01 选择【文件】➢【打开为】命令。

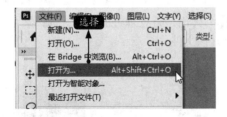

步骤 02 打开【打开】对话框，具体操作与使用【打开】命令相同。

27

2.2.3　用"在Bridge中浏览"命令打开文件

Adobe Bridge可以方便用户查看、搜索、排序、管理和处理图像文件，是平面设计中必备的软件之一。Photoshop支持使用Bridge对图像文件进行浏览，具体操作步骤如下。

步骤 01　选择【文件】▶【在Bridge中浏览】命令。

步骤 02　系统自动启动Adobe Bridge软件，【内容】窗口会显示当前文件夹的文件，双击某个文件将打开该文件。

小提示

如果计算机中没有Adobe Bridge，系统会提示使用Adobe Creative Cloud程序下载并安装。用户根据提示下载即可。

2.2.4　打开最近使用过的文件

如果需要快速打开最近使用过的文件，可以在【最近打开文件】的子菜单中快速打开并浏览。

步骤 01　选择【文件】▶【最近打开文件】命令。

步骤 02　弹出最近处理过的文件，选择某个文件将打开该文件。

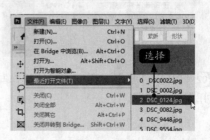

2.2.5　作为智能对象打开

使用"打开为智能对象"命令打开文件时，将文件作为矢量智能对象进行缩放、变换或移动操作，不会降低图像的质量。否则，在放大或缩小文件时会出现失真。

步骤 01 选择【文件】➤【打开为智能对象】命令。

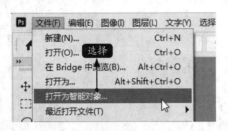

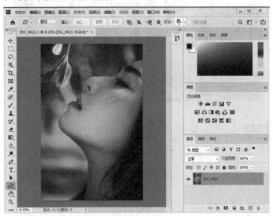

步骤 02 弹出【打开】对话框，双击某个文件将该文件作为智能对象打开。

2.3　置入素材文件

使用【打开】命令打开的各个图像之间是独立的，如果希望让图像导入到另一个图像上，需要使用"置入"命令。

2.3.1　置入EPS格式文件

置入EPS格式文件的详细步骤如下。

步骤 01 打开"素材\ch02\1.jpg"图像文件。

步骤 02 选择【文件】➤【置入嵌入对象】命令，弹出【置入嵌入的对象】对话框。选择

"素材\ch02\2.eps"文件，然后单击【置入】按钮。

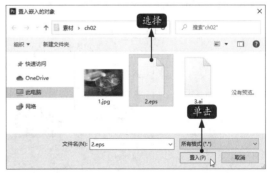

步骤 03 图像被置入"图1.jpg"上，并在四周显示控制线。

步骤 05 将鼠标指针放在置入图像的控制线上，当光标变成双向箭头时，按住鼠标不放即可等比例缩放图像。设置完成后，按【Enter】键即可完成设置。

步骤 04 将鼠标指针放在置入图像的控制线上，当光标变成旋转箭头时，按住鼠标不放即可旋转图像。

2.3.2 置入AI格式文件

　　置入AI格式文件的操作方法与置入EPS文件的操作方法基本相同，下面通过一个实例介绍置入AI格式文件的具体步骤。

步骤 01 接上节操作，选择【文件】➤【置入嵌入对象】命令，弹出【置入嵌入的对象】对话框。选择"素材\ch02\3.ai"文件，然后单击【置入】按钮。

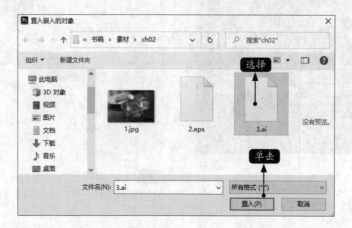

步骤 02 置入文件后，将鼠标指针放在置入图像的控制线上，当光标变成双向箭头时，按住鼠标不放即可等比例缩放图像，并调整文件位置。设置完成后，按【Enter】键即可完成设置。

2.4 存储文件

常用的保存文件的方法有用"存储"命令保存文件、用"存储为"命令保存文件两种，保存文件时应选择正确的文件保存格式。

2.4.1 用"存储"命令保存文件

使用"存储"命令是保存文件的常用方式之一。另外，用户也可以使用【Ctrl+S】组合键执行存储操作。

步骤 01 选择【文件】➤【存储】命令，可以以原有的格式存储正在编辑的文件。

步骤 02 打开【另存为】对话框，设置保存位置和保存名后，单击【保存】按钮即可保存文件。

2.4.2 用"存储为"命令保存文件

用"存储为"命令保存文件的具体操作步骤如下。

步骤01 选择【文件】▷【存储为】命令（或按【Shift+Ctrl+S】组合键）后，即可打开【另存为】对话框。

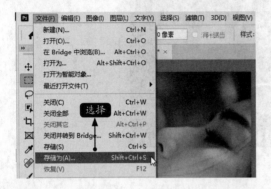

步骤02 无论是新建的文件还是已经存储过的文件，用户都可以在【另存为】对话框中将文件另外存储为某种特定的格式。

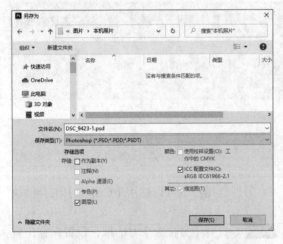

【另存为】对话框中的重要选项介绍如下。

（1）【存储选项】区：用于对各种要素进行存储前的取舍。

①【作为副本】复选框：选中此复选框，可将所编辑的文件存储为文件的副本并且不影响原有的文件。

②【Alpha通道】复选框：当文件中存在Alpha通道时，可以选择存储Alpha通道（选中此复选框）或不存储Alpha通道（撤选此复选框）。要查看图像是否存在Alpha通道，选择【窗口】▷【通道】命令打开【通道】面板，然后在其中查看即可。

③【图层】复选框：当文件中存在多图层时，可以保持各图层独立进行存储（选中此复选框）或将所有图层合并为同一图层进行存储（撤选此复选框）。要查看图像是否存在多图层，选择【窗口】▷【图层】命令打开【图层】面板，然后在其中查看即可。

④【注释】复选框：当文件中存在注释时，可以通过选中或撤选此复选框对其进行存储或忽略。

⑤【专色】复选框：当图像中存在专色通道时，可以通过选中或撤选此复选框对其进行存储或忽略。专色通道可以在【通道】面板中查看。

（2）【颜色】选项区：用于为存储的文件配置颜色信息。

（3）【缩览图】复选框：用于为存储的文件创建缩览图。该选项为灰色时，表明系统将自动地为其创建缩览图。

2.4.3 选择正确的文件保存格式

在使用"存储"或"存储为"命令保存图像时，可以在打开的对话框中选择文件的保存格式。Photoshop 2020支持PSD、JPEG、TIFF、GIF、EPS等多种格式，每一种格式都有自己的特点，例如，TIFF格式是用于印刷的格式，GIF是用于网络的格式。用户可根据文件的使用目的，选择合适的保存格式。

1．PSD格式

PSD格式是Photoshop默认的文件格式，是除大型文档格式（PSB）之外支持大多数Photoshop

功能的唯一格式。PSD格式可以保存图层、路径、蒙版和通道等内容，并支持所有的颜色模式。由于保存的信息较多，所以生成的文件也比较大。将文件保存为PSD格式，可以方便以后进行修改。

2. BMP格式

BMP格式是一种用于Windows操作系统的图像格式，主要用于保存位图文件。该格式可以处理24位颜色的图像，支持PSB、位图、灰度和索引模式，但不支持Alpha通道。BMP格式采用RLE压缩方式，生成的文件较大。

3. GIF格式

GIF格式是基于网络上传输图像而创建的文件格式。该格式采用LZW无损压缩方式，压缩效果较好，支持透明背景和动画，广泛应用在网络文档中。由于GIF格式使用8位颜色，仅包含256种颜色，因此24位图像优化为8位的GIF格式后，会损失掉一部分颜色信息。

4. DICOM格式

DICOM（医学数字成像和通信）格式通常用于传输和存储医学图像，如超声波和扫描图像。DICOM文件包含图像数据和标头，其中存储了有关病人和医学图像的信息。可以在Photoshop Extended中打开、编辑和存储DICOM格式的文件。

5. EPS格式

EPS格式是为Postscript打印机上输出图像而开发的文件格式，几乎所有的图形、图表和页面排版程序都支持该格式。EPS可以同时包含矢量图形和位图图像，支持RGB、CMYK、位图、双色调、灰度、索引和Lab模式，但不支持Alpha通道。

6. JPEG格式

JPEG格式是由联合图像专家组开发的文件格式。它采用有损压缩方式，具有较好的压缩效果，但是将压缩品质数值设置得较大时，会损失掉图像的某些细节。JPEG格式支持RGB、CMYK和灰度模式，但不支持Alpha通道。

7. PCX格式

PCX格式采用RLE无损压缩格式，支持24位、256色的图像，适合保存索引和线画稿模式的图像。PCX格式支持RGB、索引、灰度和位图模式及一个颜色通道。

8. PDF格式

PDF便携文档格式是一种通用文件格式，它还支持矢量数据和位图数据，具有电子文档收缩和导航功能，是Adobe Illustrator 和Adobe Acrobat主要格式。 PDF格式具有良好的文件信息保存功能和传输能力，已成为网络传输的重要文件格式。PDF格式支持RGB、CMYK、索引、灰度、位图和LAB模式，但不支持Alpha通道。

9. RAW格式

Photoshop Raw格式是一种灵活的文件格式，用于在应用程序与计算机平台之间传递图像。该格式支持具有Alpha通道的CMYK、RGB和灰度格式，以及无Alpha通道的多通道、LAB、索引和双色调模式。

10. PICT格式

PICT格式作为应用程序之间传递图像的中间文件格式，应用于Mac OS图形和页面排版应用程序中。PICT格式支持具有单个Alpha通道的RGB图像，以及没有Alpha通道的索引模式、灰度和位图模式的图像。PICT格式在压缩包含大块纯色区域的图像时特别有效。对于包含大块黑色和白色区域的Alpha通道，这种压缩的效果惊人。

11. PIXAR格式

PIXAR格式是专为高端图形应用程序（如用于渲染三维图像和动画的应用程序）设计的，支持具有单个Alpha通道的RGB和灰度图像。

12. PNG格式

PNG格式能够像JPEG模式一样支持1 667万种颜色，还可以像GIF一样支持透明度，并且可包含所有的Alpha通道。该格式采用无损压缩方式，不会破坏图像的质量。但该格式不支持动画和早期的浏览器，尚未被广泛地使用。

13. SCITEX格式

SCITEX"连续色调"（CT）格式用于SCITEX计算机上的高端图像处理。SCITEX CT格式支持CMYK、RGB和灰度图像，但不支持Alpha通道。以该格式存储的CMYK图像文件通常非常大。

14. TGA格式

TGA格式支持一个单纯Alpha通道的32位RGB文件，以及无Alpha通道的索引、灰度模式、16位和24位RGB文件。

15. TIFF格式

TIFF格式是一种通用的文件格式，所有的绘画、图像编辑和页面排版应用程序都支持该格式，而且几乎所有的桌面扫描仪都可以产生TIFF图像。TIFF格式支持具有Alpha通道的CMYK、RGB、LAB、索引颜色和灰度图像，以及没有Alpha通道的位图模式图像。Photoshop可以在TIFF文件中存储图层，但是，如果在另一个应用程序中打开该文件，则只有拼合图像是可见的。

16. 便携位图格式

便携位图（PBM）文件格式（也称为"便携位图库"和"便携二进制图"）支持单色位图（1位/像素）。该格式可用于无损压缩数据传输，因为许多应用程序支持此格式，所以甚至可以在简单的文本编辑器中编辑或创建此类文件。

17. PSB文件

PSB文件是Photoshop的大型文档格式，可以支持最高达300 000像素的超大图像文件。它支持Photoshop所有的功能，可保持图像中的通道、图层样式和滤镜效果不变。但PSB格式的文件只能在Photoshop中打开。

2.5 关闭文件

关闭文件的方法有3种。

（1）选择【文件】➤【关闭】命令，即可关闭正在编辑的文件。

（2）单击编辑窗口上方的【关闭】按钮，即可关闭正在编辑的文件。

（3）在标题栏上右击，在弹出的快捷菜单中选择【关闭】命令。如果要关闭所有打开的文件，可以选择【关闭全部】命令。

高手支招

技巧1：Adobe Illustrator与Photoshop文件互用

Adobe Illustrator作为全球最著名的矢量图形软件，能够高效、精确地处理大型复杂文件。

（1）Photoshop 2020是位图设计软件，主要用于图像处理，有许多滤镜和功能可以使用户能够随心所欲地制作出非常绚丽的画面。Adobe Illustrator是矢量图设计软件，主要用于图片设计。如要制作一个Logo，需要"无限大"放大尺寸，Adobe Illustrator可以做到，但用Photoshop 2020制作出的效果则比较模糊。

（2）将下载的Adobe Illustrator源文件拖入Adobe Illustrator中完成简单修改。

（3）Adobe Illustrator与Photoshop 2020的存储区别在于，Photoshop 2020是直接选择【文件】➤【存储为】命令即可，而Adobe Illustrator则需要选择【文件】➤【导出】➤【选择文件格式】命令。

技巧2：常用图像输出要求

喷绘一般是指户外广告画面输出，它输出的画面很大，如高速公路旁的广告牌画面就是喷绘机输出的结果。输出机型有NRU SALSA 3200、彩神3200等，一般是3.2m的最大幅宽。喷绘机使用的介质一般是广告布（俗称灯箱布），墨水使用油性墨水，喷绘公司为保证画面的持久性，一般画面色彩比显示器上的颜色要深一点。它实际输出的图像分辨率一般只需要30~45dpi（按照印刷要求对比），画面实际尺寸比较大，有上百平方米的面积。

写真一般是指户内使用的，它输出的画面一般只有几平方米大小。如在展览会上厂家使用的广告小画面。输出机型如HP5000，一般是1.5m的最大幅宽。写真机使用的介质一般是PP纸、灯片，墨水使用水性墨水。在输出图像完毕后还要覆膜、裱板才算成品，输出分辨率可以达到300~1200dpi（机型不同则分辨率也有所不同），它的色彩比较饱和、清晰。

第 **3** 章

图像的基本操作

在学习Photoshop 2020之前，熟练掌握图像查看、图像变换与变形以及恢复与还原等操作，有助于提高处理和编辑图像的效率。

学习效果

3.1 图像的查看

在编辑图像时，常常需要进行放大或者缩小窗口的显示比例、移动图像的显示区域等操作，通过对整体的把握和对局部的修改来达到最终的设计效果。Photoshop 2020提供了一系列的图像查看命令，可以方便地完成这些操作，例如缩放工具、抓手工具、"导航器"面板和各种缩放窗口的命令。

3.1.1 查看图像

1. 使用导航器查看

导航器面板中包含图像的缩略图和各种窗口缩放工具。如果文件尺寸较大，画面中不能显示完整的图像，用户可以方便地通过该面板定位图像的查看区域。

步骤01 打开"素材\ch03\1.jpg"文件，选择【窗口】➤【导航器】命令。

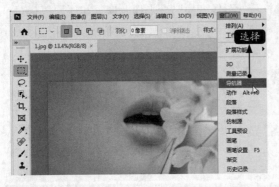

步骤02 此时即可打开导航器面板，如下图所示。

步骤03 在导航器中单击【缩小】按钮，可以缩小图像；单击【放大】按钮，可以放大图像。

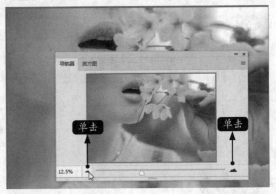

步骤04 也可以在左下角的位置直接输入缩放的数值，如"30%"，按【Enter】键确认，即可调整到该比例大小。

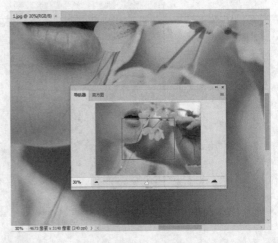

步骤05 在导航器缩略窗口中使用抓手工具，可

以改变图像的局部区域。

2. 使用【缩放工具】查看

Photoshop 2020中的【缩放工具】又称"放大镜工具"。当选择工具箱中的【缩放工具】按钮并单击图像时，会对图像进行放大处理；当单击【缩放工具】选项栏中的【缩小】按钮并单击图像时，会对图像进行缩小处理。【缩放工具】选项栏如下图所示。

使用Photoshop 2020中的【缩放工具】时，每单击一次图像都会将其放大或缩小到下一个预设百分比，并以单击的点为中心将显示区域居中。当图像到达最大放大级别3 200%或最小尺寸1像素时，放大镜看起来是空的。

【缩放工具】选项栏中各选项的功能如下。

☐ 调整窗口大小以满屏显示：在【缩放工具】处于使用状态时，选中选项栏内的【调整窗口大小以满屏显示】复选框，当放大或缩小图像视图时，窗口的大小即会调整。如果没有选中【调整窗口大小以满屏显示】复选框（默认设置），则无论怎样放大图像，窗口大小都会保持不变。如果用户使用的显示器比较小或者是在平铺视图中工作，这种方式会有所帮助。

☐ 缩放所有窗口：选中【缩放所有窗口】复选框，可以同时缩放已打开的所有窗口图像。

☑ 细微缩放：选中【细微缩放】复选框，在图像窗口中按住鼠标左键拖动，可以随时缩放图像大小，向左拖曳鼠标为缩小，向右拖曳鼠标为放大。取消选中【细微缩放】复选框，在图像窗口中按住鼠标左键拖动，可创建一个矩形选区，将以矩形选区内的图像为中心进行放大。

100%：单击此按钮，图像将自动还原到实际大小尺寸。

适合屏幕：单击此按钮，图像将自动缩放到窗口大小，以方便用户对图像进行整体预览。

填充屏幕：单击此按钮，图像将自动填充整个图像窗口，而实际长宽比例不变。

步骤 01 选择Photoshop 2020工具箱中的【缩放工具】按钮，鼠标指针将变为中心带有一个"+"号的放大镜。单击要放大的区域，每单击一次，图像便放大至下一个预设百分比，并以单击的点为中心进行显示，如下页图所示。

步骤 **02** 单击【缩放工具】选项栏中的【缩小】按钮，鼠标指针将变为中心带有一个减号的放大镜。单击要缩小的图像区域的中心，每单击一次，视图便缩小到下一个预设百分比，如下图所示。

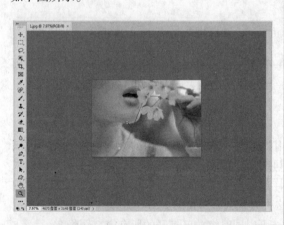

步骤 **03** 选中【细微缩放】复选框，在图像窗口中按住鼠标左键，向左拖曳鼠标可以缩小图像，向右拖曳鼠标可以放大图像。

在Photoshop 2020左下角的缩放比例框中直接输入要缩放的百分比值，按【Enter】键确认后即可按输入的百分比值缩放。

3. 使用【抓手工具】查看

使用【抓手工具】可以在图像窗口中移动整个画布，移动时不能影响图层间的位置。【抓手工具】常常配合【导航器】面板一起使用。

单击工具箱中的【抓手工具】按钮时，即会显示它的选项栏如下图所示。

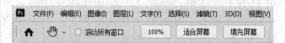

【抓手工具】选项栏中各选项的功能如下。

☐ 滚动所有窗口 ：如果取消选中此复选框，使用【抓手工具】移动图像时，只会移动当前所选择窗口内的图像；如果选中此复选框，使用【抓手工具】时，将移动所有已打开窗口内的所有图像。

100% ：单击此按钮，图像将自动还原到实际尺寸大小。

适合屏幕 ：单击此按钮，图像将自动缩放到窗口大小，以方便用户对图像进行整体预览。

填充屏幕 ：单击此按钮，图像将自动填充整个图像窗口，而实际长宽比例不变。

使用【抓手工具】查看图像有以下几种方法。

（1）单击Photoshop 2020工具箱中的【抓手工具】按钮，此时鼠标指针变成手的形状，按住鼠标左键在图像窗口中拖动即可移动图像。

（2）在使用Photoshop 2020工具箱中的任何工具时，按住【Space】键，此时自动切换到【抓手工具】，按住鼠标左键，在图像窗口中拖动即可移动图像。

（3）拖动水平滚动条和垂直滚动条查看图像。右图所示为使用【抓手工具】查看部分

图像。

3.1.2 多窗口查看图像

Photoshop 2020可以多样式排列多个文档。作图时通常会同时打开多个图像文件，为了操作方便，可以将文档展开排列，包括双联、三联、四联、全部网格拼贴等。下面介绍如何排列多个文档的具体方法。

步骤 01 打开"素材\ch03\2.jpg、3.jpg、4.jpg、5.jpg、6.jpg、7.jpg"图像文件。

步骤 02 选择【窗口】➤【排列】➤【全部垂直拼贴】命令。

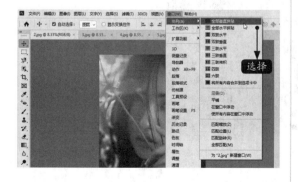

步骤 03 图像的排列将发生明显的变化，切换为抓手工具，选择"7.jpg"文件，可拖曳进行查看。

步骤 04 按住【Shift】键的同时，拖曳"7.jpg"文件，可以发现其他图像也随着移动。

步骤 05 选择【窗口】➤【排列】➤【六联】命令。

步骤 06 图像的排列变化，如右图所示。

用户可以根据需要选择合适的排列样式。

3.2 应用辅助工具

辅助工具的主要作用是辅助操作，可以利用辅助工具提高操作的精确程度和工作的效率。在Photoshop中可以利用参考线、网格和标尺等工具来完成辅助操作。

3.2.1 使用标尺定位图像

使用标尺可以精确地定位图像中的某一点以及创建参考线。

步骤 01 打开"素材\ch03\8.jpg"文件。

步骤 02 选择【视图】➤【标尺】命令或按
【Ctrl+R】组合键，标尺会出现在当前窗口的
顶部和左侧。

小提示

要恢复原点的位置，在左上角双击鼠标即可。

步骤 03 标尺内的虚线可显示当前鼠标移动时的
位置。更改标尺原点（左上角标尺上的（0.0）
标志），可以从图像上的特定点开始度量。在
左上角按下鼠标左键，然后拖曳到特定的位置
释放，即可改变原点的位置。

步骤 04 标尺原点还决定网格的原点，网格的原
点位置会随着标尺的原点位置而改变。

步骤 05 默认情况下标尺的单位是厘米。如果要
改变标尺的单位，在标尺位置单击右键，待弹
出一列单位后选择相应的单位即可。

3.2.2 网格的使用

网格对于对称地布置图像很有帮助。

步骤 01 使用Photoshop 2020打开"素材\ch03\9.jpg"图像文件。

步骤 02 选择【视图】➢【显示】➢【网格】命令或按快捷键【Ctrl+"】，即可显示网格。下图所示为以直线方式显示的网格。

> **小提示**
>
> 网格在默认的情况下显示为不打印出来的线条，但也可以显示为点。使用网格可以查看和跟踪图像扭曲的情况。

步骤 03 另外，可以选择【编辑】➢【首选项】➢【参考线、网格和切片】命令，打开【首选项】对话框，在【参考线】【网格】【切片】等选项组中设定网格的大小和颜色。也可以存储一幅图像中的网格，然后将其应用到其他的图像中。

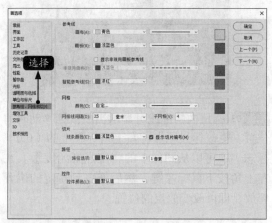

步骤 04 选择【视图】➢【对齐到】➢【网格】命令，然后拖曳选区、选区边框和工具。如果拖曳的距离小于8个屏幕（不是图像）像素，则它们将与网格对齐。

3.2.3 使用参考线准确编辑图像

参考线是浮在整个图像上但不打印出来的线条。可以移动或删除参考线，也可以锁定参考线，以免不小心移动了它。

步骤 01 使用Photoshop 2020打开"素材\ch03\10.jpg"图像文件。

步骤 02 按【Ctrl+R】组合键显示标尺，然后从标尺处向下或向右直接拖曳出参考线。

小提示

如果不显示参考线，可以执行选择【视图】➤【显示】➤【参考线】命令；按【Ctrl+；】组合键，即可显示参考线。

步骤 03 按下【Shift】键并拖曳参考线，可以使参考线与标尺对齐。

步骤 04 如果要精确地创建参考线，可以选择

【视图】➤【新建参考线】命令，打开【新建参考线】对话框，然后输入相应的【水平】或【垂直】参考线数值。

删除参考线的方法如下。

（1）使用移动工具将参考线拖曳到标尺位置，可以一次删除一条参考线。

（2）选择【视图】➤【清除参考线】命令，可以一次性将图像窗口中的所有参考线全部删除，如下图所示。

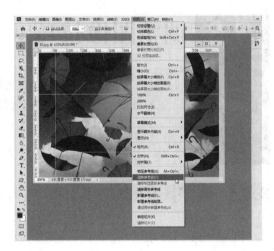

锁定参考线的方法如下。

为了避免在操作中移动参考线，可以选择【视图】➤【锁定参考线】命令锁定参考线，如下图所示。

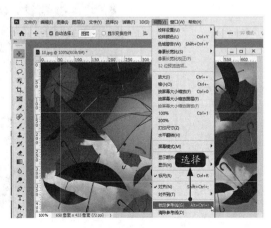

隐藏参考线的方法如下。

按【Ctrl+H】组合键可以隐藏参考线，如下图所示。

3.3 调整图像技巧

 通常情况下，仅通过扫描或导入图像一般不能满足设计的需要，因此还需要调整图像大小，以使图像能够满足实际操作的需要。

3.3.1 调整图像的大小

Photoshop 2020为用户提供了修改图像大小这一功能，用户可以使用【图像大小】对话框来调整图像的像素大小、打印尺寸和分辨率等参数，以使编辑处理图像时更加方便快捷，具体操作步骤如下。

步骤 01 选择【文件】➤【打开】命令，打开"素材\ch03\11.jpg"图像文件。

步骤 02 选择【图像】▶【图像大小】命令（或按【Alt+Ctrl+I】组合键），系统即会打开【图像大小】对话框。

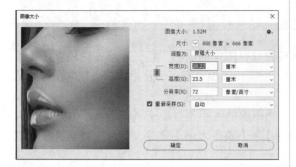

步骤 03 在【图像大小】对话框中可以方便地看到图像的像素大小，以及图像的宽度和高度：文档大小选项中包括图像的宽度、高度和分辨率等信息；还可以在【图像大小】对话框中更改图像的尺寸。例如，将【宽度】和【高度】的单位设置为"百分比"，分别将其设置为"50"，单击【确定】按钮。

步骤 04 此时，即可将图像大小缩小为50%，如下图所示。

在调整图像大小时，位图数据和矢量数据会产生不同的结果。位图数据与分辨率有关，因此更改位图图像的像素大小可能导致图像品质和锐化程度损失。相反，矢量数据与分辨率无关，调整其大小不会降低图像边缘的清晰度。

（1）【像素大小】设置区：在此输入【宽度】值和【高度】值。如果要输入当前尺寸的百分比值，应选取【百分比】作为度量单位。图像的新文件大小会出现在【图像大小】对话框的顶部，而旧文件大小则在括号内显示。

（2）【约束比例】按钮圈：如果要保持当前的像素宽度和像素高度的比例，则应选择【约束比例】复选框。更改高度时，该选项将自动更新宽度，反之亦然。

（3）【重新采样】选项：在其后面的下拉列表框中包括7个选项，如下图所示。

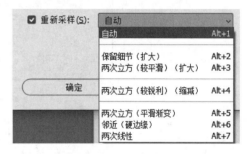

①【自动】：Photoshop默认选项，选择此项会根据对图像的操作自动进行采样。

②【保留细节（扩大）】：选择此项主要是减少图片杂色，让图片更加细腻。

③【两次立方（较平滑）（扩大）】：在自动的基础上，适当放大图像，让图像更加平滑。

④【两次立方（较锐利）（缩减）】：缩小图像，主要是更大化地保留图片的细节。

⑤【两次立方（平滑渐变）】：选择此项，处理图片的速度慢但精度高，可得到最平滑的色调层次。

⑥【邻近（硬边缘）】：选择此项，速度快但精度低。建议对包含未消除锯齿边缘的插图使用该方法，以保留硬边缘并产生较小的文件。但该方法可能导致出现锯齿状效果，在对图像进行扭曲或缩放时或在某个选区上执行多

次操作时，这种效果会变得非常明显。

⑦【两次线性】：选择此项，可生成中等品质的图像，处理的依据是周围像素。

3.3.2 调整画布的大小

使用【图像】➤【画布大小】命令可添加或移去现有图像周围的工作区。该命令还可用于通过减小画布区域来裁切图像。在Photoshop 2020中，所添加的画布有多个背景选项。如果图像的背景是透明的，则添加的画布也将是透明的。

在使用Photoshop 2020编辑制作图像文档时，当图像的大小超过原有画布的大小时需要扩大画布的大小，以使图像能够全部显示。选择【图像】➤【画布大小】命令，打开【画布大小】对话框。

1.【画布大小】对话框参数设置

（1）【宽度】和【高度】参数框：设置画布的宽度和高度值。

（2）【相对】复选框：在【宽度】和【高度】参数框内根据所要的画布大小输入增加或减少的数量（输入负数将减小画布大小）。

（3）【定位】：单击某个方块可以指示现有图像在新画布上的位置。

（4）【画布扩展颜色】下拉列表框中包含有4个选项。

①【前景】项：选中此项则用当前的前景颜色填充新画布。

②【背景】项：选中此项则用当前的背景颜色填充新画布。

③【白色】【黑色】或【灰色】项：选中这3项之一则用所选颜色填充新画布。

④【其他】项：选中此项则使用拾色器选择新画布颜色。

2. 增加画布尺寸

步骤 01 打开"素材\ch03\12.jpg"图像文件。

步骤 03 在弹出的对话框中选择一种颜色作为扩展画布的颜色，然后单击【确定】按钮。

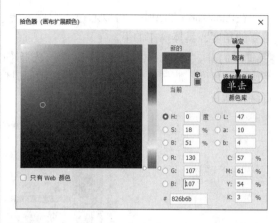

步骤 04 返回【画布大小】对话框，单击【确定】按钮，最终效果如下图所示。

步骤 02 选择【图像】➤【画布大小】命令，系统弹出【画布大小】对话框。在【宽度】和【高度】参数框中设置尺寸，然后单击【画布扩展颜色】后的小方框。

3.3.3 调整图像的方向

在Photoshop 2020中，可以通过【图像旋转】命令来进行旋转画布操作，这样可以将图像调整需要的角度，具体操作如下。

步骤 01 打开 "素材\ch03\13.jpg" 文件。选择【图像】➤【图像旋转】命令，在弹出的子菜单中选择旋转的角度。旋转的角度包括180°、顺时针90°、逆时针90°、任意角度、水平翻转画布和垂直翻转画布。

步骤 02 下面一组图像是使用【水平翻转画布】命令后的前后效果对比。

3.3.4 裁剪图像的方法

Photoshop 2020的【裁剪工具】是将图像中被裁剪工具选取的图像区域保留，其他区域删除的一种工具。裁剪的目的是移去部分图像，形成突出或加强构图效果。

默认情况下，裁剪后照片的分辨率与未裁剪的原照片的分辨率相同。通过裁剪工具可以保留图像中需要的部分，剪去不需要的内容。

1. 属性栏参数设置

选择工具箱中的【裁剪工具】 🔳，工具选项栏状态如下图所示。

（1）下拉按钮：单击工具选项栏左侧的下拉按钮，可以打开工具预设选取器如下图所示，在预设选区器里可以选择预设的参数对图像进行裁剪。

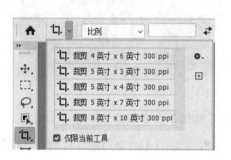

（2）裁剪比例：该按钮可以显示当前的裁剪比例或设置新的裁剪比例，其下拉选项如下图所示。如果Photoshop 2020图像中有选区，则按钮显示为选区。

（3）裁剪输入框：可以自由设置裁剪的长宽比。

（4）纵向与横向旋转裁剪框：设置裁剪框为纵向裁剪或横向裁剪。

（5）清除：可以清除选项栏中宽度和高度字段的值。如果显示分辨率字段，也会清除该字段的值。

（6）拉直：可以矫正倾斜的照片。

（7）设置裁切工具的叠加选项 🔳：可以设

置Photoshop 2020裁剪框的视图形式，如黄金比例和金色螺线等，如下图所示，可以参考视图辅助线裁剪出完美的构图。

（8）设置其他裁剪选项 ⚙：可以设置裁剪的显示区域，以及裁剪屏蔽的颜色、不透明度等，其下拉列表如下图所示。

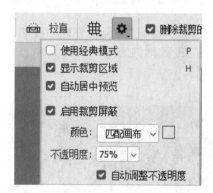

（9）删除裁剪的像素：勾选该选项后，裁剪完毕后的图像将不可更改；不勾选该选项，即使裁剪完毕后，选择Photoshop 2020裁剪工具单击图像区域仍可显示裁切前的状态，并且可以重新调整裁剪框。

2. 使用【裁剪工具】裁剪图像

步骤 01 打开"素材\ch03\14.jpg"文件。

步骤 02 单击工具箱中的【裁剪工具】，在图像中拖曳创建一个矩形，放开鼠标后即可创建裁剪区域。

步骤 03 将鼠标指针移至定界框的控制点上，单击并拖曳鼠标调整定界框的大小，也可以进行旋转。

步骤 04 按【Enter】键或单击【提交当前裁剪操作】确认裁剪，最终效果如右上图所示。

3. 用【裁剪】命令裁剪

使用【裁剪】命令剪裁图像的具体操作步骤如下。

步骤 01 打开"素材\ch03\15.jpg"文件，使用【矩形选框工具】选择要保留的图像部分。

步骤 02 选择【图像】▶【裁剪】命令。

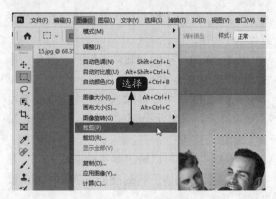

步骤 03 完成图像的剪裁，按【Ctrl+D】组合键取消选区。

3.3.5 图像的变换与变形

在Photoshop 2020中，对图像的旋转、缩放、扭曲等是图像处理的基本操作。其中，旋转和缩放称为变换操作，斜切和扭曲称为变形操作。在【编辑】➤【变换】下拉菜单中包含对图像进行变换的各种命令。通过这些命令可以对选区内的图像、图层、路径和矢量形状进行变换操作，如旋转、缩放、扭曲等。执行这些命令时，当前对象上会显示出定界框，拖动定界框中的控制点便可以进行变换操作。

1. 使用【变换】命令调整图像

步骤 01 打开"素材\ch03\16.jpg和17.jpg"文件。

步骤 02 选择【移动工具】 ⊕ ，将"17.jpg"拖曳到"16.jpg"文档中，同时生成【图层1】图层。

步骤 03 选择【图层1】图层，选择【编辑】➤【变换】➤【缩放】命令。

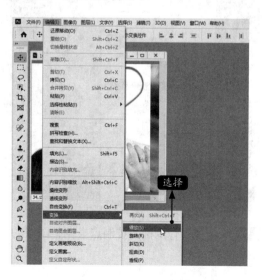

按【Ctrl+T】组合键，可以快速选择自由变换
命令。

步骤 04 拖曳鼠标调整"16.jpg"的大小和位
置，如下图所示。

步骤 05 在定界框内右击，在弹出的快捷菜单中
选择【变形】命令。

步骤 06 拖曳图像周围的控制点来调整图像的大
小和位置。

步骤 07 调整完成后，按【Enter】键进行确认，
效果如下图所示。

步骤 08 在【图层】面板中设置【图层1】图层
的混合模式为【正片叠底】，图层的【填充】
值为"90%"。

步骤 09 使用【变形】工具调整后的图像效果如下图所示。

2. Photoshop 2020的透视变形

在生活中由于相机镜头的原因，有时候照出的建筑照片透视严重变形，此时使用Photoshop 2020的透视变形命令可以轻松调整图像透视。此功能对于包含直线和平面的图像（如建筑图像和房屋图像）尤其有用。用户也可以使用此功能来复合在单个图像中具有不同透视的对象。

有时，图像中显示的某个对象可能与在现实生活中所看到的样子有所不同。这种不匹配是由于透视扭曲造成的。使用不同相机距离和视角拍摄的同一对象的图像会呈现不同的透视扭曲。

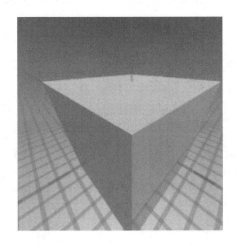

步骤 01 打开"素材\ch03\18.jpg"文件。

步骤 02 在【图层】面板中，双击【背景】图层，弹出【新建图层】对话框，单击【确定】按钮。

步骤 03 此时即可将其转变为普通【图层0】。选择【图层0】图层，按【Ctrl+T】组合键，然后右击图像任意位置，在弹出的快捷菜单中选择【透视】命令。

步骤 04 通过图像周围的控制点调整图像，如下页图所示。

步骤 05 按【Enter】键确认调整，然后对图像进行裁切，最终效果如右图所示。

3.4 恢复与还原操作

　　使用Photoshop 2020编辑图像过程中，如果操作出现失误或创建的效果不满意，可以撤销操作，或者将图像恢复到最近保存过的状态。Photoshop 2020中文版提供了很多帮助用户恢复操作的功能，有了它们作保证，用户就可以放心大胆地进行创作。下面介绍如何进行图像的恢复与还原操作。

3.4.1 还原与重做

　　在Photoshop 2020菜单栏选择【编辑】➤【还原】命令或按【Ctrl+Z】组合键，可以撤销对图像所进行的最后一次修改，将其还原到上一步编辑状态中。如果要取消还原操作，可以在菜单栏中选择【编辑】➤【重做】命令，或按【Shift+Ctrl+Z】组合键。

　　另外，编辑菜单还会在"还原"和"重做"命令的旁边显示将要还原的步骤名称。例如，【编辑】➤【还原填充】。

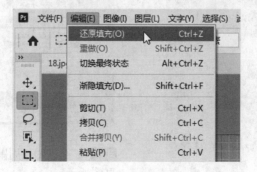

3.4.2 切换到文件最终状态

在Photoshop 2020中选择【文件】➤【切换最终状态】命令，可以直接将文件恢复到最后一次保存的状态。

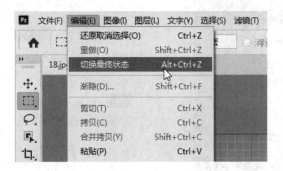

3.4.3 历史记录面板和快照

在使用Photoshop 2020中文版编辑图像时，用户每进行一步操作，Photoshop 2020中文版都会将其记录在【历史记录】面板中，通过该面板可以将图像恢复到某一步状态，也可以回到当前的操作状态，或者将当前处理结果创建为快照或创建一个新的文件。

1. 使用【历史记录】面板

在Photoshop 2020中文版菜单栏选择【窗口】➤【历史记录】命令，打开【历史记录面板】。【历史记录】面板可以撤销历史操作，返回图像编辑以前的状态。下面介绍【历史记录】面板。

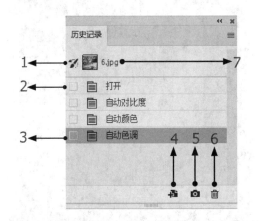

（1）设置历史记录画笔的源：在使用历史记录画笔时，该图标所在的位置将作为历史画笔的源图像。

（2）历史记录状态：被记录的操作命令。

（3）当前状态：将图像恢复到当前命令的编辑状态。

（4）从当前状态创建新文档：单击该按钮，可以基于当前操作步骤中图像的状态创建一个新的文件。

（5）创建新快照：单击该按钮，可以基于当前的图像状态创建快照。

（6）删除当前状态：在面板中选择某个操作步骤后，单击该按钮可以将该步骤及后面的步骤删除。

（7）快照缩览图：被记录为快照的图像状态。

2. 使用【历史记录】命令制作特效

使用【历史记录】面板，可以在当前工作会话期间跳转到所创建图像的任一最近状态。每次对图像应用更改时，图像的新状态都会添加到【历史记录】面板中。使用【历史记录】面板也可以删除图像状态，并且在Photoshop中用户可以使用【历史记录】面板依据某个状态或快照创建文件。可以选择【窗口】➤【历史记录】命令，或者单击【历史记录】面板选项卡打开【历史记录】面板。

步骤 01 打开"素材\ch03\19.jpg"文件。

步骤 02 选择【图层】➤【新建填充图层】➤【渐变】命令。

步骤 03 弹出【新建图层】对话框，单击【确定】按钮。

步骤 04 在弹出的【渐变填充】对话框，单击【渐变】右侧的✓按钮，在【渐变】下拉列表中选择一种渐变色，如"彩虹色_15"，并单击【确定】按钮。

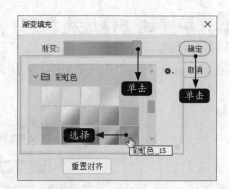

步骤 05 在【图层】面板中将【渐变】图层的混合模式设置为【颜色】模式。

调整后的效果如下图所示。

步骤 06 选择【窗口】➤【历史记录】命令，

在弹出的【历史记录】面板中单击【新建渐变填充图层】，可将图像恢复为如下图所示的状态。

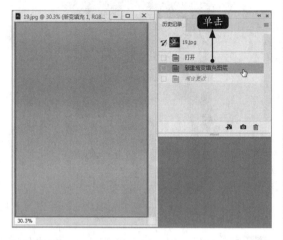

步骤 08 要恢复所有被撤销的操作，可在【历史记录】面板中单击【混合更改】。

步骤 07 单击【快照】区可撤销对图形进行的所有操作，即使中途保存过该文件，也可将其恢复到最初打开的状态。

3.5 综合实战——制作青花瓷器效果

本实例主要讲解使用移动工具和变换命令制作一幅青花瓶效果的图片。

步骤 01 打开"素材\ch03\20.jpg、21.jpg、22.jpg"文件。

步骤 02 选择【移动工具】➕，将"20.jpg"拖曳到"22.jpg"文件中，同时生成【图层1】图层。

步骤 03 选择【图层1】图层，选择【编辑】➤【变换】➤【缩放】命令调整"20.jpg"图像的大小和位置。

步骤 04 在定界框内右击，在弹出的快捷菜单中选择【变形】命令调整透视。

步骤 05 调整后，按【Enter】键确认，效果如下图所示。

步骤 06 在【图层】面板中设置【图层1】图层的混合模式为【正片叠底】，图层【不透明度】值为"90%"。

调整后的效果如下图所示。

步骤 07 使用相同的方法将图"21.jpg"拖到"22.jpg"中进行调整，并设置混合模式和保存最终图像文档，设置如下图所示。

调整后的效果如下图所示。

 高手支招

技巧1：使用快捷键快速浏览图像

如果图像尺寸较大，使用鼠标拖曳滚动条浏览图像细节时，较为低效。使用快捷键可以快速浏览图像。

按【Home】键，从图像的左上角开始在图像窗口中显示图像；按【End】键，从图像的右下角开始显示图像；按【PageUp】键，从图像的最上方开始显示图像；按【PageDown】键，从图像的最下方开始显示图像；按【Ctrl+PageUp】组合键，从图像的最左方开始显示图像。

技巧2：裁剪工具使用技巧

（1）如果要将选框移动到其他的位置，可将指针放在定界框内并拖曳；如果要缩放选框，可拖移手柄。

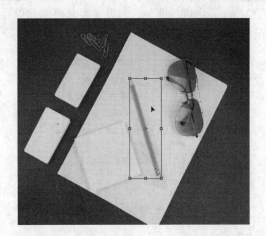

（2）如果要约束比例，可在拖曳角手柄时按住【Shift】键；如果要旋转选框，可将指针放在定界框外（指针变为弯曲的箭头形状）并拖曳。

（3）如果要移动选框旋转时所围绕的中心点，可拖曳位于定界框中心的圆。

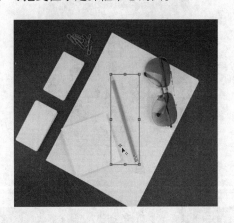

（4）如果要使裁剪的内容发生透视，可以选择属性菜单中的【透视】命令，并在4个角的定界点上拖曳鼠标，这样内容就会发生透视。如果要提交裁切，可以单击属性栏中的 ✓ 按钮；如果要取消当前裁剪，可以单击 ⊘ 按钮。

第2篇
功能应用篇

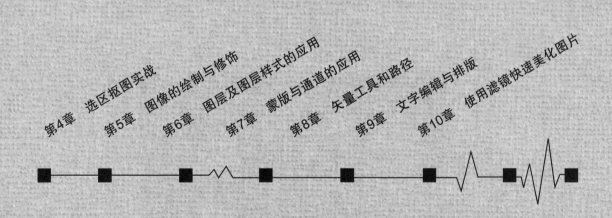

第 4 章

选区抠图实战

 学习目标

在Photoshop中不论是绘图还是处理图像，图像的选取都是这些操作的基础。本章针对Photoshop中常用的工具进行详细讲解。

 学习效果

4.1 选区便于精确抠图

在学习Photoshop时，选区的重要性不亚于图层，是图像处理中常用的对象之一，熟练选区的操作是学会Photoshop的根本，是后续图像处理的重要基础。选区是什么呢？顾名思义，选区就是选择的区域，用户可对图像选中的部分进行操作。

抠图是指把前景和背景分离的操作，当然什么是前景和背景取决于操作者。比如一幅蓝色背景的人像图，用魔棒或别的工具把蓝色部分选出来再删掉就是一种抠图的过程。

不过，在对Photoshop中的图片进行操作时，当确立一个选区后，所有的操作都只对选区内起作用，这样可以精准地对所选区域进行调整，例如调整颜色、局部曝光、分离图像等。

选区的作用主要有三个：一是选取所需的图像轮廓，以便对选取的图像进行移动、复制等操作；二是创建选区后通过填充等操作形成相应形状的图形；三是选区在处理图像时起着保护选区外图像的作用，约束各种操作只对选区内的图像有效，防止选区外的图像受到影响。下图所示即为一个简单的人物抠图。

4.2 创建选区

在Photoshop中选取工具也是多种多样的，包含10个选取工具，集中在【工具】面板上部，分别是矩形选框工具、椭圆选框工具、单行选框工具、单列选框工具、套索工具、多边形套索工具、磁性套索工具、对象选择工具、快速选择工具和魔棒工具。其中，前4个属于规则选取工具。

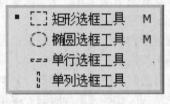 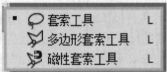 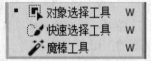

在抠图的过程中，首先需要学会如何选取图像。在Photoshop 2020中对图像的选取可以通过多种选取工具进行。

4.2.1 使用【矩形选框工具】创建选区

选框工具的作用是获得选区，选框工具在工具栏的位置如下图所示。

【矩形选框工具】 [ ] 主要用于创建矩形的选区，从而选择矩形的图像，是Photoshop 2020中比较常用的工具。使用该工具仅限于选择规则的矩形，不能选取其他形状。

使用【矩形选框工具】创建选区的操作步骤如下。

步骤 01 打开"素材\ch04\2.jpg"文件。

步骤02 在【工具】面板中选择【矩形选框工具】 ⃞ 。

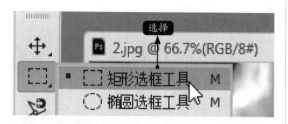

步骤03 从选区的左上角到右下角拖曳鼠标，从而创建矩形选区（按【Ctrl+D】组合键可以取消选区）。

步骤04 按住【Ctrl】键的同时拖曳鼠标，可以移动选区及选区内的图像。

步骤05 按住【Alt】键的同时拖曳鼠标，则可以复制选区及选区内的图像。

小提示

在创建选区的过程中，按住空格键的同时拖动选区可使选区的位置改变，松开空格键则继续创建选区。

4.2.2 使用【椭圆选框工具】创建选区

【椭圆选框工具】用于选取圆形或椭圆形的图像。

1. 使用【椭圆选框工具】创建选区

步骤 01 打开"素材\ch04\3.jpg"文件。

步骤 02 选择【工具】面板中的【椭圆选框工具】 ○。

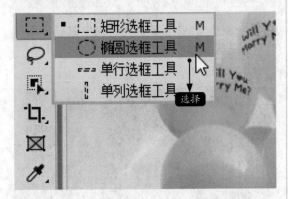

步骤 03 在画面中气球处拖曳鼠标，创建一个椭圆形选区。

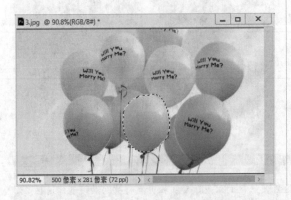

步骤 04 按住【Shift】键拖曳鼠标，可以绘制一个圆形选区。

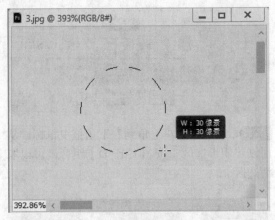

步骤 05 按住【Alt】键拖曳鼠标，可以从中心点绘制椭圆选区（同时按住【Shift+Alt】组合键拖曳鼠标，可以从中心点绘制圆形的选区）。

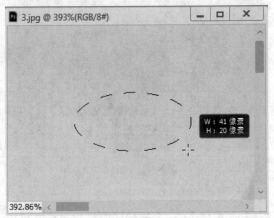

2.【椭圆选框工具】参数设置

　　【椭圆选框工具】与【矩形选框工具】的功能基本相同，只是多了【消除锯齿】复选项。

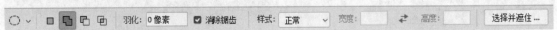

　　消除锯齿前后的对比效果如下页图所示。

☐ 消除锯齿

☑ 消除锯齿

小提示

在系统默认的状态下，【消除锯齿】复选框自动处于开启状态。

4.2.3 使用【套索工具】创建选区

套索工具的作用，是可以在画布上任意地绘制选区，选区没有固定的形状。应用【套索工具】可以以手绘形式随意地创建选区。例如，如果需要改变一朵花的颜色，可以使用【套索工具】选择花的不规则边缘。

1. 使用【套索工具】创建选区

步骤 01 打开"素材\ch04\4.jpg"文件。

衡】命令调整马蹄莲的颜色。本例中只调整为黄色马蹄莲，【色彩平衡】对话框的参数设置如下图所示。

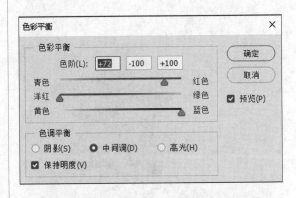

步骤 02 选择【工具】面板中的【套索工具】 。

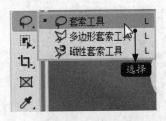

步骤 03 单击图像上的任意一点作为起始点，按住鼠标左键拖移出需要选择的区域，到达合适的位置后松开鼠标，选区将自动闭合。

2.【套索工具】的使用技巧

（1）在使用【套索工具】创建选区时，如果释放鼠标时起始点和终点没有重合，则系统会在它们之间创建一条直线来连接选区。

步骤 04 选择【图像】➤【调整】➤【色彩平

（2）在使用【套索工具】创建选区时，按住【Alt】键然后释放鼠标左键，可切换为【多边形套索工具】，移动鼠标指针至其他区域单击可绘制直线；放开【Alt】键可恢复为【套索工具】。

4.2.4 使用【多边形套索工具】创建选区

多边形套索工具，可以绘制一个边缘规则的多边形选区，适合选择多边形选区。在下面的例子中，需要使用【多边形套索工具】在一个大门对象周围创建选区，并将森林的景色放进门内，具体操作如下。

步骤 01 打开"素材\ch04\5.jpg和6.jpg"文件。

步骤 02 使用【移动工具】将森林图片拖到门的图像内，并调整大小和位置。

步骤 03 选择【工具】面板中的【多边形套索工具】。

步骤 04 隐藏"图层1"图层，使用【多边形套索工具】创建大门的选区，然后选择并显示"图层1"图层，按【Shift+Ctrl+I】组合键进行反选。

步骤 05 按【Shift】键删除选区内的图像得到如下图所示结果。

【Ctrl】键复制"图层1"，然后按【Ctrl+T】组合键将其垂直翻转，最后调整位置和该图层不透明值为"25%"，制作出倒影效果。

步骤 06 按【Ctrl+D】组合键取消选区，按

小提示

虽然可以为【多边形套索工具】在【选项】栏中指定【羽化】值，但这不是最佳方法，因为该工具在更改【羽化】值之前仍保留该值。如果发现需要羽化用【多边形套索工具】创建的选区，可选择【选择】➤【羽化】命令，并为选区指定合适的羽化值。

4.2.5 使用【磁性套索工具】创建选区

【磁性套索工具】可以智能地自动选取，特别适用于快速选择与背景对比强烈而且边缘复杂的对象。使用【磁性套索工具】选择一块布料，然后更改布料颜色的具体操作如下。

步骤 01 打开"素材\ch04\7.jpg"文件。

步骤 02 选择【工具】面板中的【磁性套索工具】 ⚡。

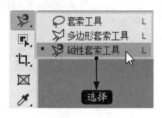

步骤 03 在图像上单击以确定第一个紧固点。如果要取消使用【磁性套索工具】，可按【Esc】键。将鼠标指针沿着要选择图像的边缘慢慢地移动，选取的点会自动吸附到色彩差异的边缘。

小提示

需要选择的图像如果与边缘的其他色彩接近，自动吸附会出现偏差，这时可单击鼠标以手动添加一个紧固点。如果要抹除刚绘制的线段和紧固点，可按【Delete】键；连续按【Delete】键，可以倒序依次删除紧固点。

步骤 04 拖曳鼠标使线条移动至起点，鼠标指针会变为 形状，单击即可闭合选框。

步骤 05 使用【磁性套索工具】创建选区后，按【Ctrl+J】组合键选择"通过拷贝的图层"命令，将选区复制到一个新图层。

步骤 06 此时，选择【图像】➢【调整】➢【替换颜色】命令，弹出【替换颜色】对话框，调整颜色并单击【确定】按钮。

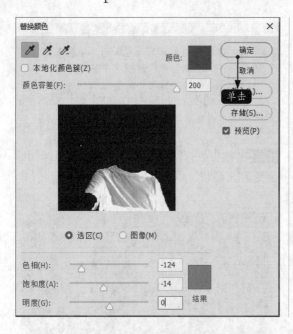

此时即可更改衣服的颜色，如下图所示。

小提示

在没有使用抓手工具 时，按住空格键后可转换成抓手工具，即可移动视窗内图像的可见范围。在手形工具上双击鼠标可以使图像以最适合的窗口大小显示，在缩放工具上双击鼠标可使图像以1∶1的比例显示。

4.2.6 使用【对象选择工具】创建选区

　　【对象选择工具】是Photoshop 2020版本中新增的一项创建选区的工具，可简化在图像中选择单个对象或对象的某个部分（如人物、汽车、家具、宠物、衣服等）的过程，只需在对象周围绘制矩形区域或套索，【对象选择工具】就会自动选择已定义区域内的对象。比起没有对比或反差的区域，这款工具更适合处理色彩对比清晰的对象。

步骤 01 打开"素材\ch04\8.jpg"文件。

步骤 02 从【工具】面板中选择【对象选择工具】 。

步骤 03 在选项栏中，包含【矩形】和【套索】两种模式，默认为【矩形】模式。

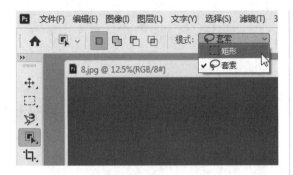

【矩形】模式：拖动指针可定义对象周围的矩形区域。

【套索】模式：在对象的边界外绘制粗略的套索。

步骤 04 在要创建的对象周围绘制一个矩形区域，如下图所示。

步骤 06 按【Shift+Ctrl+I】组合键选择【反选】命令，并为背景填充颜色，效果如下图所示。

步骤 05 松开鼠标左键，软件会自动选取对象并创建选区，如右上图所示。

4.2.7 使用【魔棒工具】创建选区

使用魔棒工具，同样可以快速地建立选区，并且对选区进行一系列的编辑。使用【魔棒工具】可以自动地选择颜色一致的区域，而不必跟踪其轮廓，所以特别适用于选择颜色相近的区域。

小提示

不能在位图模式的图像中使用【魔棒工具】。

1. 使用【魔棒工具】创建选区

步骤 01 打开"素材\ch04\9.jpg"文件。

步骤 02 选择【工具】面板中的【魔棒工具】。

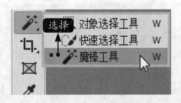

步骤 03 设置【容差】值为"25"，在图像中单击要选取的天空颜色，即可选取相近颜色的区域。单击建筑上方的天空区域，所选区域的边界以选框形式显示。

步骤 04 这时可以看见建筑下边有未选择的区域，按住【Shift】键单击该天空区域可以进行加选。

步骤 05 新建一个图层。为选区填充一个渐变颜色也可以达到更好的天空效果。单击【工具】面板中的【渐变工具】，然后单击选项栏上的图标，弹出【渐变编辑器】对话框

后设置渐变颜色，并单击【确定】按钮。

步骤 06 使用鼠标从上向下拖曳进行填充，即可得到更好的天空背景，如下图所示。

小提示

这里选择默认的线性渐变，将前景色设置为R：38、G：123、B：203（深蓝色），背景色设置为R：212、G：191、B：172（浅粉色）。

2.【魔棒工具】基本参数

使用【魔棒工具】时可对以下参数进行设置。

（1）【容差】文本框：容差是颜色取样时的范围。数值越大，允许取样的颜色偏差就越大；数值越小，取样的颜色就越接近纯色。在【容差】文本框中可以设置色彩范围，输入值的范围为0~255，单位为"像素"。

容差：50   容差：100

（2）【消除锯齿】复选框：用于消除选区边缘的锯齿。若要使所选图像的边缘平滑，可选择【消除锯齿】复选框。

（3）【连续】复选框：选中连续复选框，单击图像，不与单击处连接的地方没有被选中。【连续】复选框用于选择相邻的区域。若选中【连续】复选框，则只能选择具有相同颜色的相邻区域；若不选中【连续】复选框，则可使具有相同颜色的所有区域图像都被选中。

☑ 连续   ☐ 连续

（4）【对所有图层取样】复选框：当图像中含有多个图层时，选中该复选框，将对所有可见图层的图像起作用；没有选中时，魔棒工具只对当前图层起作用。要在所有可见图层的图像中选择颜色，则可选择【对所有图层取样】复选框；否则，魔棒工具将只能从当前图层中选择图像。如果图片不止一个图层，则可选择【对所有图层取样】复选框。

4.2.8 使用【快速选择工具】创建选区

使用【快速选择工具】可以通过拖曳鼠标快速地选择相近的颜色，并且建立选区。【快速选择工具】可以更加方便快捷地进行选取操作。

使用【快速选择工具】创建选区的具体操作如下。

步骤01 打开"素材\ch04\10.jpg"文件。

步骤02 选择【工具】面板中的【快速选择工具】。

步骤03 选择【快速选择工具】，设置合适的画笔大小，在图像中单击要选取的颜色，即可选取相近颜色的区域。如果需要继续加选，可单击选项栏中的按钮后继续单击或者双击进行选取。

步骤04 选择【图像】➤【调整】➤【色相/饱和度】命令，在弹出的【色相/饱和度】对话框中，设置参数如下图所示，单击【确定】按钮。

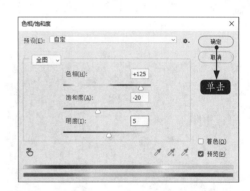

步骤05 按【Ctrl+D】组合键取消选区，调整颜色后画面更加丰富。

4.2.9 使用【选择】命令选择选区

在【选择】菜单中也包含选择对象的命令，比如选择【选择】➤【全部】命令或按【Ctrl+A】组合键，可以选择当前文档边界内的全部图像。

1. 选择全部与取消选择

步骤 01 打开"素材\ch04\11.jpg"文件。

步骤 02 选择【选择】➤【全部】命令，选择当前图层中图像的全部。

步骤 03 选择【选择】➤【取消选择】命令，取消对当前图层中图像的选择。

2. 重新选择

也可以选择【选择】➤【重新选择】命令来重新选择已取消的选区。

3. 反向选择

选择【选择】➤【反向】命令，可以选择图像中除选中区域以外的所有区域。

步骤 01 打开"素材\ch04\12.jpg"文件。

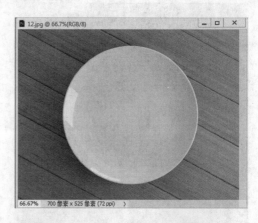

步骤 02 选择【对象选择工具】 ，在白色盘子周围绘制一个矩形，选择白色盘子区域。

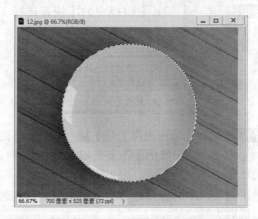

步骤 03 选择【选择】➤【反选】命令或按【Shift+Ctrl+I】组合键反选选区，从而选中图像中的桌面图像。

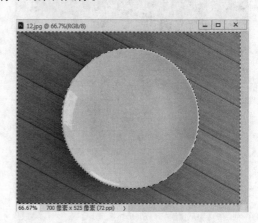

4.2.10 使用【色彩范围】命令创建选区

使用【色彩范围】命令可以对图像中的现有选区或整个图像内需要的颜色或颜色子集进行选择。

使用【色彩范围】命令选取图像的具体操作步骤如下。

步骤 01 打开"素材\ch04\13.jpg"文件。

步骤 02 要选择下图所示的纯色背景，可以选择【选择】➤【色彩范围】命令，弹出【色彩范围】对话框，如下图所示。

步骤 03 在对话框中单击图像或预览区选取希望的颜色，可以使用【吸管】工具创建选区，对图像中希望的区域进行取样。如果选区不是希望的，可使用【添加到取样】吸管向选区添加色相或使用【从取样中减去】吸管从选区中删除某种颜色。最后单击【确定】按钮即可。

> ▌ **小提示**
>
> 还可以在希望添加到选区的颜色上按【Shift】键并单击【吸管】工具以添加选区。另一种修改选区的方法，是在希望从选区删除某种颜色时按【Alt】键并单击【吸管】工具。

步骤 04 此时，图像中就建立了与选择的色彩相近的图像选区。接着按【Shift+Ctrl+I】组合键反选选区，然后按【Ctrl+M】组合键打开【曲线】对话框，调整图像并单击【确定】按钮。

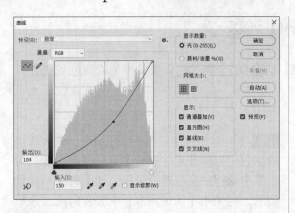

步骤 05 按【Ctrl+D】组合键取消选区，最终效果如右图所示。

4.3 选区的基本操作

在很多时候建立的选区并不是设计所需要的范围，这时则需要对选区进行修改。可以通过添加 / 删除像素（使用【Delete】键）或改变选区范围的方法来修改选区。

下面以【矩形选框工具】为例介绍选区的基本操作，选择【矩形选框工具】后属性栏上会有相关的参数设置。在使用矩形选框工具时，可对【选区的加减】【羽化】【样式】选项和【调整边缘】等参数进行设置。【矩形选框工具】的属性栏如下图所示。

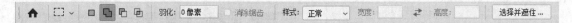

所谓选区的运算，就是指添加、减去、交集等操作。它们以按钮形式分布在公共栏上，分别是新选区、添加选区、从选区减去、与选区交叉。

4.3.1 添加选区

添加选区的操作方法如下。

步骤 01 打开"素材\ch04\14.jpg"文件。

步骤 02 选择【矩形选框工具】█，单击选项栏上的【新选区】按钮█，并在需要选择的图像上拖曳鼠标从而创建矩形选区。

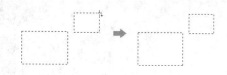

步骤 04 如果彼此相交，则只有一个虚线框出现，如下图所示。

步骤 03 单击属性栏上的【添加到选区】按钮█（在已有选区的基础上按住【Shift】键），在需要选择的图像上拖曳鼠标可添加矩形选区。

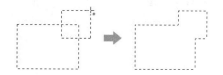

4.3.2 减去选区

减去选区的操作方法如下。

步骤 01 接上节操作，单击【矩形选框工具】属性栏上的【从选区减去】按钮 （在已有选区的基础上按住【Alt】键），在需要选择的图像上拖曳鼠标可减去选区。

步骤 02 如果新选区在旧选区里，则会形成一个中空的选区，如下图所示。

4.3.3 交叉选区

交叉选区的操作方法如下。

接上节操作，单击【矩形选框工具】属性栏上的【与选区交叉】按钮 （在已有选区的基础上同时按住【Shift】键和【Alt】键），在需要选择的图像上拖曳鼠标可创建与选区交叉的选区。

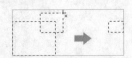

4.3.4 羽化选区

羽化选区的操作方法如下。

步骤01 打开"素材\ch04\15.jpg"文件，双击
【背景】图层将其转变成普通图层。

步骤02 选择【工具】面板中的【矩形选框工
具】 ，在工具栏中设置【羽化】为"0像
素"，然后在图像中绘制选区。

步骤03 按【Ctrl+Shift+I】组合键反选选区，按
【Delete】键删除选区内的图像，最终结果如
右上图所示。

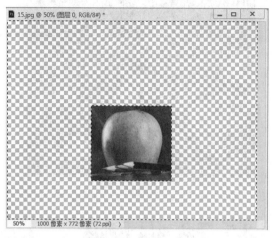

步骤04 重复**步骤01**-**步骤03**，其中设置【羽
化】为"10像素"时，效果如下图所示。

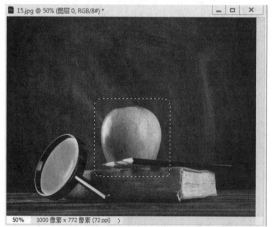

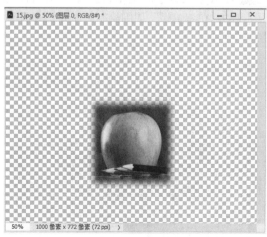

步骤 05 重复 步骤 01~步骤 03，其中设置【羽化】为"30像素"时，效果如下图所示。

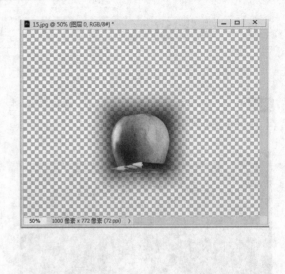

4.3.5 隐藏或显示选区

隐藏或显示选区的操作方法如下。

步骤 01 打开"素材\ch04\16.jpg"文件。

步骤 02 从【工具】面板中选择【对象选择工具】 ，在"草帽"周围绘制一个矩形，即可快速创建选区。

步骤 03 按【Ctrl+H】组合键即可将选区隐藏。

步骤 04 再次按【Ctrl+H】组合键即可将选区显示。

4.4　选区的编辑

用户创建选区后，有时需要对选区进行深入编辑，才能使选区符合要求。【选择】下拉菜单中的【扩大选取】【选取相似】和【变换选区】命令可以对当前的选区进行扩展、收缩等编辑操作。

4.4.1　【修改】命令

选择【选择】➢【修改】命令，可以对当前选区进行修改，比如修改选区的边界、平滑度、扩展与收缩选区以及羽化边缘等。

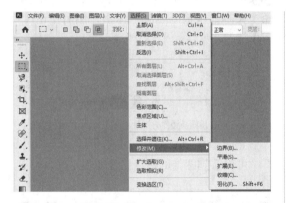

1. 修改选区边界

使用【边界】命令可以使当前选区的边缘产生一个边框，其具体操作如下。

步骤 01　打开"素材\ch04\17.psd"文件，选择【矩形选框工具】 ，在图像中建立一个矩形边框选区。

步骤 02　选择【选择】➢【修改】➢【边界】命令。

步骤 03　弹出【边界选区】对话框，在【宽度】文本框中输入"50"像素，单击【确定】按钮。

得到下页图所示效果。

步骤 04 选择【编辑】➤【清除】命令（或按【Delete】键），再按【Ctrl+D】组合键取消选择，制作一个选区边框。

2. 平滑选区边缘

使用【平滑】命令可以使尖锐的边缘变得平滑，其具体操作如下。

步骤 01 打开"素材\ch04\18.psd"文件，然后使用【多边形套索工具】在图像中建立一个多边形选区。

步骤 02 选择【选择】➤【修改】➤【平滑】命令。

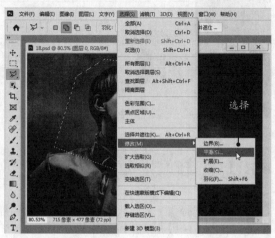

步骤 03 弹出【平滑选区】对话框，在【取样半径】文本框中输入"30"像素，然后单击【确定】按钮。

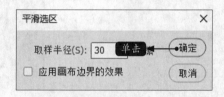

可以看到图像的边缘已经变得平滑。

步骤 04 按【Ctrl+Shift+I】组合键反选选区，如下页图所示。

按【Delete】键删除选区内的图像，然后按【Ctrl+D】组合键取消选区。此时，一个多边形的相框就制作完成。

3. 扩展选区

使用【扩展】命令可以对已有的选区进行扩展，具体操作如下。

步骤01 打开"素材\ch04\19.jpg"文件，然后建立一个椭圆选区。

步骤02 选择【选择】➤【修改】➤【扩展】命令。

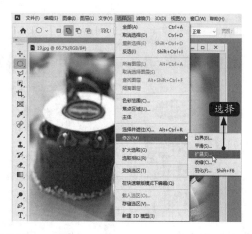

步骤03 弹出【扩展选区】对话框，在【扩展量】文本框中输入"45"像素，然后单击【确定】按钮，

可以看到图像的边缘已经得到扩展，如下图所示。

4. 收缩选区

使用【收缩】命令可以使选区收缩，具体操作如下。

步骤 01 继续上面案例，选择【选择】▷【修改】▷【收缩】命令。

步骤 02 弹出【收缩选区】对话框，在【收缩量】文本框中输入"70"像素，单击【确定】按钮。

可以看到图像边缘已经得到收缩。

小提示

物理距离和像素距离之间的关系，取决于图像的分辨率。例如，72像素/英寸图像中的 5 像素距离，就比在300像素/英寸图像中的长。

---

5. 羽化选区边缘

选择【羽化】命令，可以通过羽化使硬边缘变得平滑，其具体操作如下。

步骤 01 打开"素材\ch04\20.psd"文件，选择【椭圆工具】，在图像中建立一个椭圆形选区。

步骤 02 选择【选择】▷【修改】▷【羽化】命令。

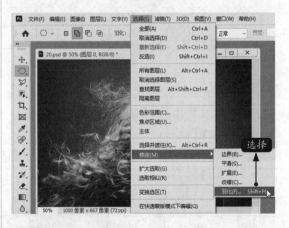

步骤 03 弹出【羽化选区】对话框，在【羽化半径】文本框中输入数值，范围是0.2～255。这里设置为"75"像素，单击【确定】按钮。

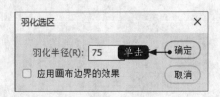

步骤 04 选择【选择】▷【反选】命令，反选选区。

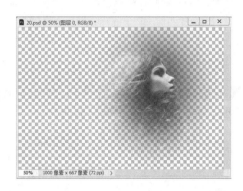

如下图所示。

步骤 05 选择【编辑】➤【清除】命令，按【Ctrl+D】组合键取消选区。清除反选选区后

小提示

如果选区小，而羽化半径过大，小选区则可能变得非常模糊，以致于看不到其显示，因此系统会出现【任何像素都不大于50%选择】的提示。此时，应减小羽化半径或增大选区大小，或者单击【确定】按钮，接受蒙版当前的设置并创建看不到边缘的选区。

4.4.2 【扩大选取】命令

使用【扩大选取】命令，可以选择所有与现有选区颜色相同或相近的相邻像素。

步骤 01 打开"素材\ch04\21.jpg"文件，选择【矩形选框工具】 ，在红酒中创建一个矩形选框。

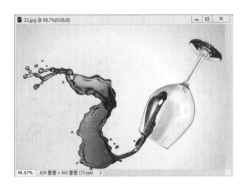

步骤 03 可以看到与矩形选框内颜色相近的相邻像素都被选中。可以多次执行此命令，直至选择了合适的范围为止。

步骤 02 选择【选择】➤【扩大选取】命令。

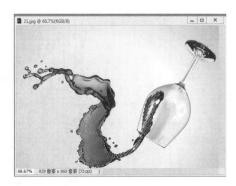

4.4.3 【选取相似】命令

使用【选取相似】命令，可以选择整个图像中与现有选区颜色相邻或相近的所有像素，而不只是相邻的像素。

步骤 01 继续上节的实例。选择【矩形选框工具】，在红酒上创建一个矩形选区。

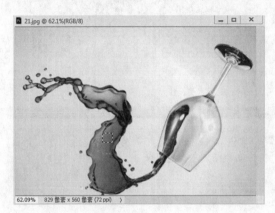

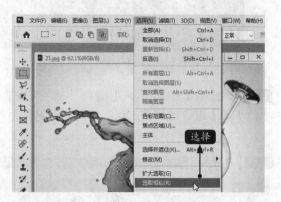

可以看到包含于整个图像的与当前选区颜色相邻或相近的所有像素都已经被选中。

步骤 02 选择【选择】▶【选取相似】命令。

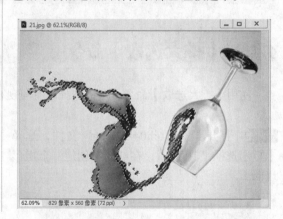

4.4.4 【变换选区】命令

使用【变换选区】命令，可以对选区的范围进行变换。

步骤 01 打开"素材\ch04\22.jpg"文件，选择【矩形选框工具】，在其中一张便签纸上用鼠标拖移出一个矩形选框。

步骤 02 选择【选择】➤【变换选区】命令，或者在选区内单击鼠标右键，从弹出的快捷菜单中选择【变换选区】命令。

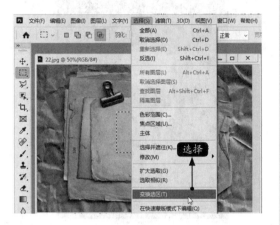

步骤 03 可以看到选区会变为右上图所示状态。

步骤 04 按住【Ctrl】键调整节点以完整而准确地选取便签纸区域，然后按【Enter】键确认。

4.4.5 【存储选区】命令

选区创建之后，可以对需要的选区进行管理，具体方法如下。

使用【存储选区】命令，可以将制作好的选区进行存储，以方便下一次操作。

步骤 01 打开"素材\ch04\23.jpg"文件，然后选择钻石戒指的选区。

小提示

这里使用磁性套索工具先选择钻石和指环中间的区域，然后使用减去选区选项减选指环中间的区域即可。

步骤 02 选择【选择】➤【存储选区】命令。

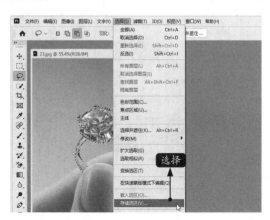

步骤 03 弹出【存储选区】对话框，在【名称】文本框中输入"钻石戒指选区"，然后单击【确定】按钮。

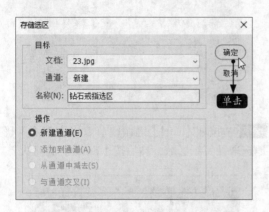

在【通道】面板中可以看到新建立的一个名为【钻石戒指选区】的通道。

步骤 04 如果在【存储选区】对话框的【文档】下拉列表框中选择【新建】选项，则会出现一个新建的【存储文档】通道文件。

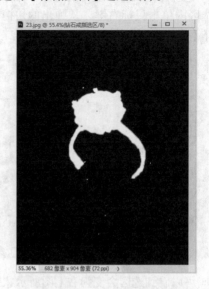

4.4.6 【载入选区】命令

将选区存储好以后，即可根据需要随时载入保存好的选区。

步骤 01 继续上节的案例。当需要载入存储好的选区时，可以选择【选择】➤【载入选区】命令。

步骤 02 打开【载入选区】对话框，此时在【通道】下拉列表框中会出现已经存储好的通道的名称——钻石戒指选区，然后单击【确定】按钮即可。

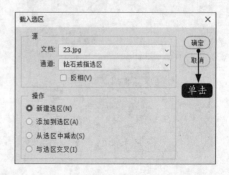

如果要选择相反的选区，可勾选【反相】复选框。

4.5 综合实战——快速抠图并更改人物背景

  本实例学习使用【对象选择工具】【调整选区】【反选】命令等，为人物照片更换背景效果。

步骤 01 打开"素材\ch04\24.psd"文件。

形】模式，在人物对象周围绘制一个矩形选区。

步骤 02 选择【对象选择工具】，选择【矩

Photoshop即会在已定义区域自动选择对

象，如下图所示。

步骤 03 可以看到人物没有完全建立选区。将模式调整为【套索】，如果要添加选区，可选中【添加到选区】按钮 🗂；如果要从选区中减去，可选中【从选区减去】按钮。通过配合，调整人物选区，如下图所示。

小提示

也可以通过【套索工具】【快速选择对象工具】【钢笔工具】等，配合精细调整选区。

步骤 04 按【Shift+Ctrl+I】组合键选择【反选】命令，选中照片的背景选区。

步骤 05 按【Delete】键，删除背景选区，得到下图所示效果。同时，可以看到头发中有一些背景部分未清除。

步骤 06 单击【工具】面板,选择【背景橡皮擦工具】。

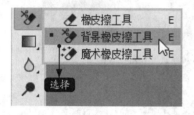

步骤 07 在显示的选项栏中,单击【取样:背景色板】按钮,然后打开【拾色器(背景色)】对话框,使用显示的图标在头发中间的背景部分进行取样。

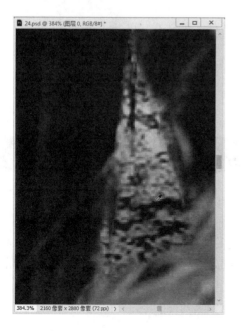

步骤 08 勾选选项栏【保护前景色】复选框,打开【拾色器(背景色)】对话框,使用显示的图标在头发上进行取样,以保护头发部分。

步骤 09 设置完成后,即可对未删除的背景进行擦除。在擦除过程中,可根据情况调整橡皮擦的大小或更改取样的背景色,这样即可将背景基本清除干净。使用同样的方法,将其他部分背景进行擦除操作,最终的效果如下图所示。

步骤 ⑩ 将"素材\ch04\25.jpg"图片拖曳到人物图像中，如下图所示。

步骤 ⑪ 调整背景图像大小，然后将其调整到人物图层下方，即可得到下图所示效果。

步骤 ⑫ 也可以调整背景图像的部分颜色，如使用【选择】➢【色彩范围】命令，选择背景中的蓝色，然后通过【色相/饱和度】命令，调整为喜欢的颜色。最终效果如下图所示。

高手支招

技巧1：如何快速选取照片中的人物

除上述方法外，下面介绍一种快速选取照片中人物的技巧，具体操作如下。

步骤 ⑴ 打开"素材\ch04\26.jpg"图像文件，使用快速选择工具 ，为人像区域建立选区，如下页图所示。

步骤 02 选择【选择】➤【选择并遮住】命令，在界面右侧弹出的【属性】对话框中设置参数，如下图所示，然后单击【确定】按钮。

即可快速选取照片中的人物，如下图所示。

技巧2：最精确的抠图工具——钢笔工具

适用范围：图像边界复杂，不连续，加工精度高。

方法意图：使用鼠标逐一放置边界点来抠图。

方法缺陷：速度比较慢。

使用方法：

（1）索套建立粗略路径

①用【索套工具】粗略圈出图形的外框；

②右键选择【建立工作路径】，容差一般填入"2"。

（2）钢笔工具细调路径

①选择【钢笔】工具，并在钢笔工具栏中选择第二项"路径"的图标；

②按住【Ctrl】键不放，用鼠标按住各个节点（控制点），拖动改变位置；

③每个节点都有两个弧度调节点，调节两节点之间的弧度，使线条尽可能地贴近图形边缘，这是光滑的关键步骤；

④增加节点：如果节点不够，可以放开【Ctrl】按键，用鼠标在路径上增加；删除节点：如果节点过多，可以放开【Ctrl】按键，用鼠标移到节点上，当鼠标旁边出现"—"号时，点该节点即可删除。

（3）右键选择【建立选区】（羽化一般填入"0"）

①按【Ctrl+C】组合键复制该选区；

②新建一个图层或文件；

③在新图层中，按【Ctrl+V】组合键粘贴该选区；

④按【Ctrl+D】组合键取消该选区。

第 **5** 章

图像的绘制与修饰

 学习目标

在Photoshop 2020中不仅可以直接绘制各种图形，而且可以通过处理各种位图或矢量图制作出各种图像效果。本章的内容比较简单易懂，读者可以按照实例步骤进行操作，也可以导入自己喜欢的图片进行编辑处理。

 学习效果

5.1 色彩基础

色彩是事物外在的一个重要特征，不同的色彩可以传递不同的信息，带给人们不同的感受。优秀的设计师应该有很好的驾驭色彩的能力，Photoshop提供了强大的色彩设置功能。本节介绍如何在Photoshop中随心所欲地进行颜色的设置。

使用Photoshop 2020进行调色，首先要对色彩有一定的基础认识，其次要了解可以达到什么样的效果以及不要迷信不同相机的色彩取向——也就是说，任何数码相机都可以后期调出理想的色彩。准确的色调也是关系照片优劣最重要的因素。准确色调的范畴包括色调（色温）、反差、亮暗部层次、饱和度、色彩平衡等，如果能掌握Photoshop调色手段，也就拥有了一个强大的彩色照片后期数字暗房。

5.1.1 Photoshop色彩基础

颜色模型用数字描述颜色。可以通过不同的方法用数字描述颜色，而颜色模式决定着在显示和打印图像时使用哪一种方法或哪一组数字。Photoshop 2020的颜色模式基于颜色模型，而颜色模型对于印刷中使用的图像非常有用。

颜色模式决定显示和打印电子图像的色彩模型（简单地说，色彩模型是用于表现颜色的一种数学算法），即一幅电子图像用什么样的方式在计算机中显示或打印输出。

常见的颜色模式包括位图模式、灰度模式、双色调模式、HSB（表示色相、饱和度、亮度）模式、RGB（表示红、绿、蓝）颜色模式、CMYK（表示青、洋红、黄、黑）颜色模式、Lab颜色模式、索引颜色模式、多通道模式以及8位/16位/32位通道模式。每种模式的图像描述和重现色彩的原理及所能显示的颜色数量是不同的。Photoshop的颜色模式基于颜色模型，颜色模型对于印刷中使用的图像非常有用。颜色模型可以从RGB、CMYK、Lab和灰度及用于特殊色彩输出的颜色模式等模式中选取，如索引颜色和双色调。

选择【图像】➤【模式】命令打开【模式】的子菜单，如下图所示。

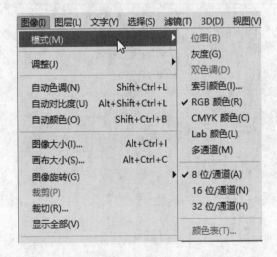

5.1.2 设定前景色和背景色

前景色和背景色是用户当前使用的颜色。前景色表示油漆桶、画笔、铅笔、文字工具和吸管工具在图像中拖动时所用的颜色。在前景色图标下方的就是背景色，背景色表示橡皮擦工具所表示的颜色。简单说，背景色就是纸张的颜色，前景色就是画笔画出的颜色。工具箱中包含前景色和背景色的设置选项，选项由设置前景色、设置背景色、切换前景色和背景色及默认前景色和背景色等部分组成。

利用下图中的色彩控制图标可以设置前景色和背景色。

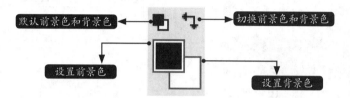

①【设置前景色】按钮：单击此按钮将弹出拾色器来设定前景色，它会影响画笔、填充命令和滤镜等的使用。

②【设置背景色】按钮：设置背景色与设置前景色的方法相同。

③【默认前景色和背景色】按钮：单击此按钮默认前景色为黑色，背景色为白色。也可以使用快捷键【D】来完成。

④【切换前景色和背景色】按钮：单击此按钮可以使前景色和背景色相互交换。也可以使用快捷键【X】来完成。

用户可以使用以下4种方法设定前景色和背景色。

（1）单击【设置前景色】或【设置背景色】按钮，然后在弹出的【拾色器（前景色）】或【拾色器（背景色）】对话框中进行设定。

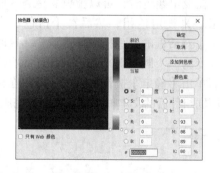
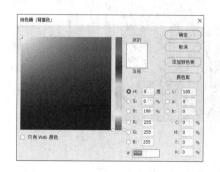

（2）使用【颜色】面板设定。

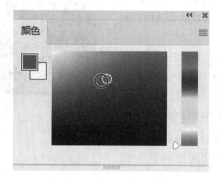

（3）使用【色板】面板设定。

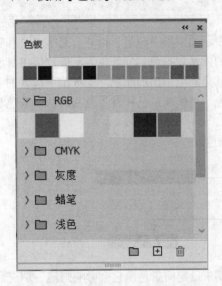

（4）使用吸管工具设定。

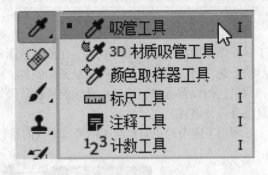

5.1.3 用拾色器设置颜色

在Adobe拾色器中，可以使用HSB、RGB、Lab 和 CMYK等4种颜色模型来选取颜色。使用Adobe拾色器可以设置前景色、背景色和文本颜色。

可以用不同的工具、命令和选项设置目标颜色。

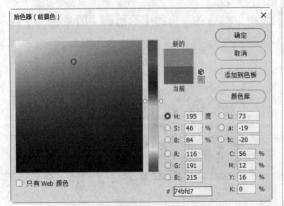

通常使用HSB色彩模型，因为它是以人们对色彩的感觉为基础的。HSB色彩模型把颜色分为色相、饱和度和明度3个属性，这样便于观察。

Adobe 拾色器中的色域将显示 HSB 颜色模式、RGB 颜色模式和 Lab 颜色模式中的颜色分量。如果知道所需颜色的数值，则可以在文本字段中输入该数值。也可以使用颜色滑块和色域来预览要选取的颜色。在使用色域和颜色滑块调整颜色时，对应的数值会相应地调整。颜

色滑块右侧颜色框的上半部分将显示调整后的颜色，下半部分将显示原始颜色。

在设定颜色时，可以拖曳彩色条两侧的三角滑块来设定色相，然后在【拾色器（前景色）】对话框的颜色框中单击鼠标（这时鼠标指针变为一个圆圈）来确定饱和度和明度，完成后单击【确定】按钮即可。也可以在色彩模型不同组件后的文本框中输入数值来完成。

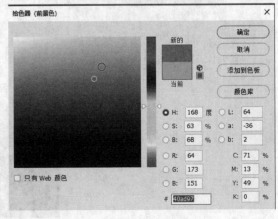

小提示

在实际工作中一般是用数值来确定颜色。

在【拾色器（前景色）】对话框的右上方有一个颜色预览框，该预览框分为上下两个部分，上边代表新设定的颜色，下边代表原来的颜色，这样便于进行对比。如果在它的旁边出现有惊叹号，则表示该颜色无法被打印。

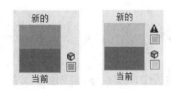

如果在【拾色器（前景色）】对话框中选中【只有Web颜色】复选框，颜色则变很少，Web 安全颜色是浏览器使用的 216 种颜色，与平台无关。在8位屏幕上显示颜色时，浏览器将图像中的所有颜色更改成这些颜色。216 种颜色是macOS的8位颜色调板的子集。只使用这些颜色时，准备的 Web 图片在 256 色的系统上绝对不会出现仿色。

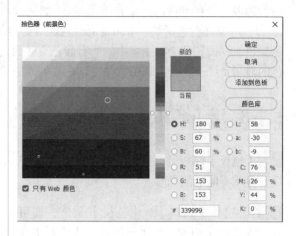

5.1.4 用【颜色】面板设置颜色

【颜色】面板显示当前前景色和背景色的颜色值。使用【颜色】面板中的滑块，可以利用几种不同的颜色模型来编辑前景色和背景色。也可以从显示在面板底部的四色曲线图的色谱中选取前景色或背景色。

步骤 01 选择【窗口】➤【颜色】命令或按【F6】键，调出【颜色】面板，在R、G、B文本框中输入数值或拖曳滑块可以调整颜色，当把鼠标指针放在面板下的四色曲线上时，指针会变为吸管状 ，单击鼠标可以采集色样。

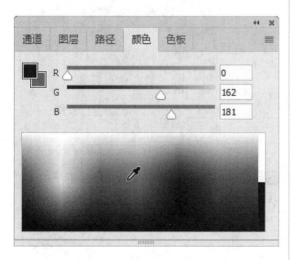

步骤 02 在设定颜色时要单击 按钮，弹出面板菜单，可以在菜单中选择合适的色彩模式和色谱。

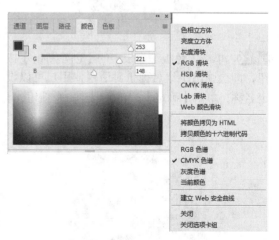

（1）CMYK滑块：在CMYK颜色模式（PostScript打印机使用的模式）中，指定每个颜色值（青色、洋红色、黄色和黑色）的百分比。

（2）RGB滑块：在RGB颜色模式（监视器使用的模式）中，指定0~255（0是黑色，255是纯白色）之间的图素值。

（3）HSB滑块：在HSB颜色模式中，指定饱和度和亮度的百分数，指定色相为一个与色轮上位置相关的0°~360°之间的角度。

（4）Lab滑块：在Lab模式中，输入0~100之间的亮度值（L）和从绿色到洋红的值（–128~+127以及从蓝色到黄色的值）。

（5）Web颜色滑块：Web安全颜色是浏览器使用的216种颜色，与平台无关。在8位屏幕上显示颜色时，浏览器会将图像中的所有颜色更改为这些颜色，这样可以确保为Web准备的图片在256色的显示系统上不会出现仿色。可以在文本框中输入颜色代号来确定颜色。

5.1.5 用【色板】设置颜色

【色板】面板可存储用户经常使用的颜色，也可以在面板中添加或删除颜色，或者为不同的项目显示不同的颜色库。

步骤01 选择【窗口】➤【色板】命令，即可打开【色板】面板，如下图所示。【色板】面板中的颜色是预先设定好的，单击其中的任一个颜色样本，可以将它设置为前景色。按【Ctrl】键进行单击，可将其设置为背景色。

步骤02 单击【色板】面板中的【创建新组】按钮，即会弹出【组名称】对话框，用户可以设定名称，单击【确定】按钮，创建一个新组。

步骤03 单击【创建前景色的新面板】按钮，即会弹出【色板名称】对话框，用户可以设定颜色名称，单击【确定】按钮，可以将其保存到所选组中。

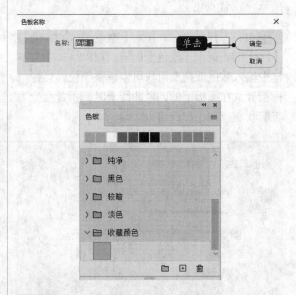

步骤04 如果要删除其中某个颜色样本或组，将其拖曳到【删除色板】按钮上即可。

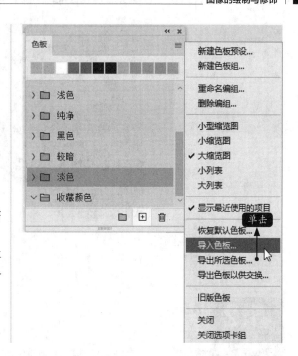

步骤 05 如果当前【色板】面板不能满足设计需求，可以单击 ≡ 按钮打开【色板】面板菜单，可以在列表中选择【导入色板…】命令导入本地计算机的色板文件。另外，也可以选择一个组，在列表中单击【导出所选色板…】按钮，将其导出到本地计算机中。

5.1.6 使用【吸管工具】设置颜色

吸管工具采集色样以指定新的前景色或背景色。可以从现用图像或屏幕上的任何位置采集色样。选择【吸管工具】 ✔. 在所需要的颜色上单击，可以把同一图像中不同部分的颜色设置为前景色，也可以把不同图像中的颜色设置为前景色。

Photoshop 2020工具箱吸管工具选项栏如下图所示。

1. 取样大小

单击选项栏中【取样大小】选项的下三角按钮，可弹出下拉菜单，在其中可选择要在怎样的范围内吸取颜色。

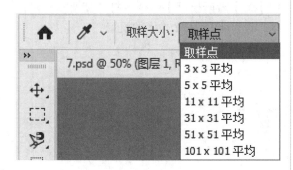

2. 样本

如一个图像文件有很多图层，【所有图层】表示在Photoshop 2020图像中单击取样点，取样得到的颜色为所有图层的颜色。

3. 显示取样环

复选显示取样环。在Photoshop 2020图像中单击取样点时即可出现取样环。

1—当前取样点颜色；
2—上一次取样点颜色。

5.2 绘画

掌握画笔的使用方法，不仅可以绘制出美丽的图画，而且可以为其他工具的使用打下基础。

5.2.1 使用"画笔"工具：柔化皮肤效果

在Photoshop 2020工具箱中单击画笔工具按钮，或按【Shift+B】组合键可以选择画笔工具。使用画笔工具可绘出边缘柔软的画笔效果，画笔的颜色为工具箱中的前景色。

画笔工具是一款较为重要且复杂的工具。运用得非常广泛，鼠绘爱好者可以用它来绘画。

在Photoshop 2020中使用【画笔】工具配合图层蒙版，可以对人物的脸部皮肤进行柔化处理，具体操作如下。

步骤 01 选择【文件】➤【打开】命令，打开"素材\ch05\1.jpg"文件。

步骤 02 复制背景图层的副本。对【背景 拷贝】图层进行高斯模糊。选择【滤镜】➤【模糊】➤【高斯模糊】命令，打开高斯模糊对话框，设置半径为3个像素的模糊。

步骤03 按住【Alt】键，单击【图层】调板中的【添加图层蒙版】按钮 ■，可以向图层添加一个黑色蒙版，并显示下面图层的所有像素。

步骤04 选择【背景 拷贝】图层蒙版图标，然

后选择【画笔】工具 ✐。选择柔和边缘笔尖，从而不会留下破坏已柔化图像的锐利边缘。

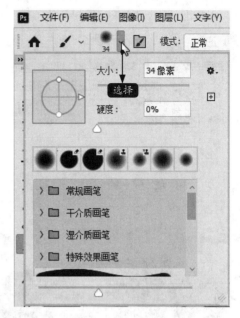

步骤05 在模特面部的皮肤区域绘制白色，但不在希望保留细节的区域（如模特的颜色、嘴唇、鼻孔和牙齿）绘制颜色。如果不小心在不需要蒙版的区域填充了颜色，可以将前景切换为黑色，绘制该区域以显示下面图层的锐利边缘。在工作流程的该阶段，图像是不可信的，因为皮肤没有显示可见的纹理。

步骤06 在【图层】调板中，将【背景 拷贝】图层的【不透明度】值设置为"80%"。该步骤可以将纹理填加到皮肤区域，并保留了对皮肤的柔化。

步骤 **07** 最后合并图层，使用【曲线】命令调整图像的整体亮度和对比度即可。

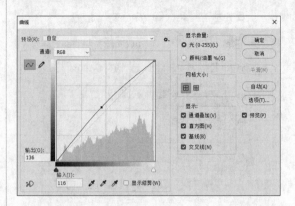

【画笔工具】是直接使用鼠标进行绘画的工具，绘画原理与现实中的画笔相似。

选中【画笔工具】 ，其选项栏如下图所示。

小提示

在使用【画笔工具】过程中，按住【Shift】键可以绘制水平、垂直或者以45°为增量角的直线。在确定起点后，按住【Shift】键单击画布中任意一点，则两点之间以直线相连接。

（1）更改画笔的颜色。

通过设置前景色和背景色可以更改画笔的颜色。

（2）更改画笔的大小。

在画笔选项栏中单击画笔后面的三角，会弹出【画笔预设】选取器，如下页图所示。在【大小】文本框中可以输入1~2 500像素的数值或者直接通过拖曳滑块更改画笔直径。也可以通过快捷键更改画笔的大小：按【 [】键缩小，按【] 】键放大。

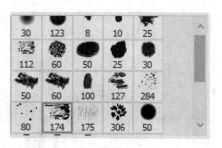

（3）更改画笔的硬度。

可以在【画笔预设】选取器的【硬度】文本框中输入0%~100%的数值或者直接拖曳滑块更改画笔硬度。硬度为0%画笔的效果和硬度为100%画笔的效果如下图所示。

（4）更改笔尖样式。

在【画笔预设】☑选取器中可以选择不同的笔尖样式，如右上图所示。

（5）设置画笔的混合模式。

在画笔的选项栏中通过【模式】选项可以选择绘画时的混合模式。

（6）设置画笔的不透明度。

在画笔选项栏的【不透明度】参数框中可以输入1%~100%的数值来设置画笔的不透明度。不透明度为20%时的效果与不透明度为100%时的效果分别如下图所示。

（7）设置画笔的流量。

流量控制画笔在绘画中涂抹颜色的速度。在【流量】参数框中可以输入1%~100%的数值来设定绘画时的流量。流量为20%时的效果与流量为100%时的效果分别如下图所示。

（8）启用喷枪功能 。

喷枪功能是用来制造喷枪效果的。在画笔选项栏中单击 图标，即可启用喷枪功能。

5.2.2　使用"历史记录画笔工具"：恢复图像色彩

Photoshop 2020历史记录画笔工具的主要作用是将部分图像恢复到某一历史状态，以形成特殊的图像效果。

历史记录画笔工具必须与历史记录面板配合使用，它用于恢复操作，但不是将整个图像都恢复到以前的状态，而是对图像的部分区域进行恢复，因而可以对图像进行更加细微的控制。

下面通过使用【历史记录画笔工具】，学习保留图像局部色彩的方法。

步骤 01 打开"素材\ch05\2.jpg"文件。

步骤 02 选择【图像】➤【调整】➤【黑白】命令，在弹出的【黑白】对话框中单击【确定】按钮。

此时即可将图像调整为黑白颜色。

步骤 03 选择【窗口】➤【历史记录】命令，在弹出的【历史记录】对话框中单击【黑白】设置【历史记录画笔的源】图标的所在位置，将其作为历史记录画笔的源图像。

步骤 04 选择【历史记录画笔工具】，在选项栏中设置画笔大小为"30"，模式为"正常"，不透明度为"100%"，流量为"100%"。

小提示

在绘制过程中可根据需要调整画笔的大小。

步骤 05 在图像的红色礼物袋部分进行涂抹以恢复礼物袋的色彩。

5.2.3 使用"历史记录艺术画笔工具"：制作粉笔画

【历史记录艺术画笔工具】也可以将指定的历史记录状态或快照用作源数据。但是，历史记录画笔是通过重新创建指定的源数据来绘画，而历史记录艺术画笔在使用这些数据的同时，还可以应用不同的颜色和艺术风格。

下面通过使用【历史记录艺术画笔工具】将图像处理成特殊效果。

步骤 01 打开"素材\ch05\3.jpg"文件。

步骤 02 在【图层】面板的下方单击【创建新图层】按钮 田，新建【图层1】图层。

步骤 03 双击工具箱中的【设置前景色】按钮 ■，在弹出的【拾色器（前景色）】对话框中设置颜色为灰色（C：0，M：0，Y：0，K：10），然后单击【确定】按钮。

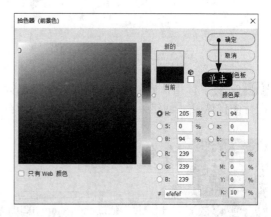

步骤 04 按【Alt+Delete】组合键为【图层1】图层填充前景色。

步骤 05 选择【历史记录艺术画笔工具】 ✍，在选项栏中设置参数，如下图所示。

步骤 06 选择【窗口】➤【历史记录】命令，在弹出的【历史记录】面板的【打开】步骤前单

击，指定图像被恢复的位置。

图所示。

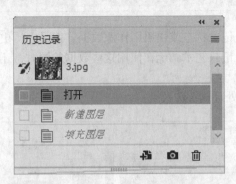

步骤 07 将鼠标指针移至画布中单击并拖曳鼠标进行图像恢复，创建类似粉笔画的效果，如右

5.3 修复图像

用户可以通过Photoshop 2020提供的命令和工具对不完美的图像进行修复，使之符合工作的要求或审美情趣。这些工具包括图章工具、修补工具和修复画笔工具等。

5.3.1 变换图形：制作辣椒文字特效

【自由变换】是功能强大的制作手段之一，熟练掌握它的用法可给工作带来极大的方便。 对于大小和形状不符合要求的图片和图像，可以使用【自由变换】命令进行调整。选择要变换的图层或选区，选择【编辑】▷【自由变换】命令或使用【Ctrl+T】组合键，图形的周围会出现具有8个定界点的定界框，用鼠标拖曳定界点即可变换图形。在自由变换状态下可以完成对图形的缩放、旋转、扭曲、斜切和透视等操作。

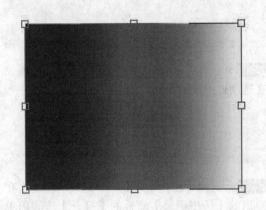

步骤 01 打开"素材\ch05\4.jpg和5.jpg"文件。

步骤 02 使用【磁性套索工具】选择文件4.jpg和5.jpg上的辣椒图像，然后拖到石头背景图像上。

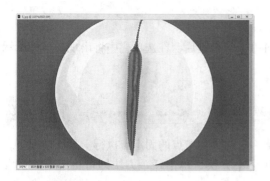

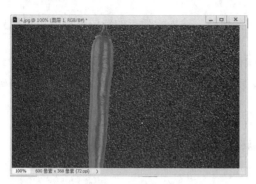

步骤 03 选择【编辑】➤【自由变换】命令或使用【Ctrl+T】组合键，辣椒图形的周围会出现具有8个定界点的定界框，用鼠标拖曳定界点即可变换图形，调整大小和位置。

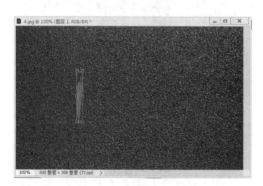

步骤 04 多次复制辣椒图层，选择【编辑】➤【自由变换】命令，调整大小和位置。

步骤 05 合并所有复制的辣椒图层，在图层面板上为其添加【投影】图层样式，并在弹出的【图层样式】对话框中设置参数，单击【确定】按钮。

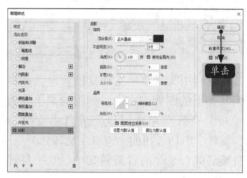

最终效果如下图所示。

【自由变换】相关参数设置

选择【编辑】➤【自由变换】命令或使用【Ctrl+T】组合键后，在选项栏中将出现如下图所示的选项栏。

| Ps | 文件(F) | 编辑(E) | 图像(I) | 图层(L) | 文字(Y) | 选择(S) | 滤镜(T) | 3D(D) | 视图(V) | 窗口(W) | 帮助(H) |

| ⌂ | ⋈ ˅ | □□ | X: 581.00 像素 | △ | Y: 356.00 像素 | W: 86.52% | ⊖ | H: 86.08% | ∡ 0.00 | 度 | H: 0.00 | 度 | V: 0.00 | 度 | 插值: 两次立方 ˅ | ⬚ | ⊘ | ✓ |

（1）【参考点位置】按钮▦：所有变换都围绕一个称为参考点的固定点执行。默认情况下，这个点位于正在变换的项目的中心。此按钮中有9个小方块，单击任一方块即可更改对应的参考点。

（2）【X】（水平位置）和【Y】（垂直位置）参数框：输入参考点的新位置的值也可以更改参考点。

（3）【相关定位】按钮△：单击此按钮，可以相对于当前位置指定新位置；【W】【H】参数框中的数值分别表示水平和垂直缩放比例，在参数框中可以输入0%～100%的数值进行精确的缩放。

（4）【链接】按钮🔗：单击此按钮，可以保持在变换时图像的长宽比不变。

（5）【旋转】按钮◢：在此参数框中可指定旋转角度。【H】【V】参数框中的数值分别表示水平斜切和垂直斜切的角度。

在选项栏中还包含以下3个按钮：⬚表示在自由变换和变形模式之间切换；✓表示应用变换；⊘表示取消变换，按【Esc】键也可以取消变换。

> **小提示**
>
> 在Photoshop中直接拉斜对角，可以锁定水平、垂直、等比例和15°等。

可以利用关联菜单实现变换效果。在自由变换状态下的图像中右击，弹出的菜单称为关联菜单。在该菜单中可以完成自由变换、缩放、旋转、斜切、扭曲、透视、旋转180°、顺时针旋转90°、逆时针旋转90°、水平翻转和垂直翻转等操作。

5.3.2 仿制图章工具：制作海底鱼群效果

【仿制图章工具】🕮可以将一幅图像的选定点作为取样点，将该取样点周围的图像复制到同一图像或另一幅图像中。仿制图章工具也是专门的修图工具，可以用来消除人物脸部斑点、背景部分不相干的杂物、填补图片空缺等。该工具的使用方法是：选择这款工具，在需要取样的地方按住【Alt】键取样，然后在需要修复的地方涂抹就可以快速消除污点等。在选项栏中调节笔触的混合模式、大小、流量等，可以进行更为精确的污点修复。

下面通过复制图像来学习【仿制图像工具】的使用方法。

步骤 01 打开"素材\ch05\6.jpg"文件。

步骤 02 选择【仿制图章工具】 ⚒️，把鼠标指针移动到希望复制的图像上，按住【Alt】键，这时指针会变为 ⊕ 形状，单击鼠标即可把鼠标指针落点处的像素定义为取样点。

步骤 03 在需要复制的位置单击或拖曳鼠标。

步骤 04 多次取样多次复制，直至画面饱满。

5.3.3 图案图章工具：制作特效背景

　　【图案图章工具】类似图案填充效果，使用工具之前需要定义好希望的图案，然后适当设置好Photoshop 2020选项栏的相关参数，如笔触大小、不透明度、流量等。然后在画布上涂抹就可以出现希望的图案效果。绘出的图案会重复排列。

　　下面通过绘制图像来学习【图案图章工具】的使用方法。

步骤 01 打开"素材\ch05\7.psd"文件。

步骤 02 选择【图案图章工具】，并在选项栏中单击【点按可打开"图案"拾色器】按钮，在弹出的菜单中选择"水滴"组中的一种图案。

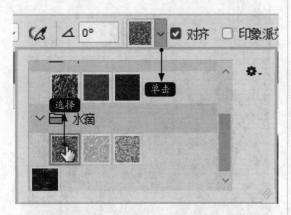

小提示

如果没有"嵌套方块"图案，可以单击面板右侧的 按钮，在弹出的菜单中选择"图案"选项进行加载。

步骤 03 选择背景图层，在需要填充图案的位置单击或拖曳鼠标即可。

5.3.4 修复画笔工具：去除皱纹

　　【修复画笔工具】的工作方式与污点修复画笔工具类似，不同的是【修复画笔工具】必须从图像中取样，并在修复的同时将样本像素的纹理、光照、透明度和阴影与源像素进行匹配，从而使修复后的像素不留痕迹地融入图像地其余部分。

　　【修复画笔工具】可用于消除并修复瑕疵，使图像完好如初。与【仿制图章工具】一样，使用【修复画笔工具】可以利用图像或图案中的样本像素来绘画。但是【修复画笔工具】可将样本像素的纹理、光照、透明度和阴影等与源像素进行匹配，使修复后的像素不留痕迹地融入图像的其他部分。

1.【修复画笔工具】相关参数设置

【修复画笔工具】![icon]的选项栏中包括【画笔】设置项、【对齐】复选框、【模式】下拉列表框和【源】选项区等。

【画笔】设置项：在该选项的下拉列表中可以选择画笔样本。

【对齐】复选框：勾选该选项会对像素进行连续取样，在修复过程中，取样点随修复位置的移动而变化；取消勾选，则在修复过程中始终以一个取样点为起始点。

【模式】下拉列表：包括【替换】【正常】【正片叠底】【滤色】【变暗】【变亮】【颜色】和【亮度】等选项。

【源】选项区：在该选项区可选择【取样】或者【图案】单选项。按【Alt】键定义取样点，然后才能使用【源】选项区。选择【图案】单选项后要先选择一个具体的图案，然后使用才会有效果。

2. 使用【修复画笔工具】修复照片

步骤 01 选择【文件】➤【打开】命令，打开"素材\ch05\8.jpg"文件。

步骤 02 创建背景图层的副本。

步骤 03 选择【修复画笔工具】![icon]。确保选中【选项】栏中的【对所有图层取样】复选框，并确保画笔略宽于要去除的皱纹，而且该画笔足够柔和，能与未润色的边界混合。

步骤 04 按【Alt】键并单击皮肤中与要修复的区域具有类似色调和纹理的干净区域。选择无瑕疵的区域作为目标，否则【修复画笔】工具不可避免地会将瑕疵应用到目标区域。

步骤 05 在要修复的皱纹上拖动工具。确保覆盖全部皱纹，包括皱纹周围的所有阴影，覆盖范围要略大于皱纹。继续这样的操作直到去除所有明显的皱纹。是否要在来源中重新取样，取决于需要修复的瑕疵数量。

5.3.5 污点修复画笔工具：去除雀斑

使用【污点修复画笔工具】 ，可自动将需要修复区域的纹理、光照、透明度和阴影等元素与图像自身进行匹配，快速修复污点。

步骤 01 打开"素材\ch05\9.jpg"文件。

步骤 03 将鼠标指针移动到污点上，单击鼠标即可修复斑点。

步骤 02 选择【污点修复画笔工具】 ，在选项栏中设定各项参数保持不变（画笔大小可根据需要进行调整）。

步骤 04 修复其他斑点区域，直至图片修饰完毕。

5.3.6 修补工具：去除照片瑕疵

使用Photoshop 2020修补工具，可以用其他区域或图案中的像素来修复选中的区域。修补工具是较为精确的修复工具，其使用方法是：选择这款工具把需要修复的部分圈选起来，得到一个选区，把鼠标放置在选区上面后按住鼠标左键拖曳就可以修复。通过在Photoshop 2020选项栏上设置相关的属性，可同时选取多个选区进行修复。

步骤 01 打开"素材\ch05\10.jpg"文件。

步骤 02 选择【修补工具】，在选项栏中设置修补为"源"。

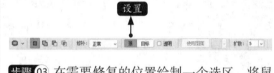

步骤 03 在需要修复的位置绘制一个选区，将鼠标指针移动到选区内，再向周围没有瑕疵的区域拖曳来修复瑕疵。

步骤 **04** 修复其他瑕疵区域，直至图片修饰完毕。

5.4 润饰图像

可以通过Photoshop 2020提供的命令和工具对不完美的人物图像进行润饰，使之符合要求或人们的审美情趣。这些工具包括红眼工具、模糊工具、锐化工具和涂抹工具等。

5.4.1 红眼工具：消除照片上的红眼

【红眼工具】专门用来消除人物眼睛因灯光或闪光灯照射后瞳孔产生的红点、白点等反射光点。

小提示

红眼是由相机闪光灯在主体视网膜上反光引起的。在光线暗淡的条件下照相时，由于主体的虹膜张开得很宽，会更加明显地出现红眼现象。因此在照相时，最好使用相机的红眼消除功能，或者使用远离相机镜头位置的独立闪光装置。

1. 【红眼工具】相关参数设置

选择【红眼工具】 后的选项栏如右图所示。

（1）【瞳孔大小】设置框：设置瞳孔（眼睛暗色的中心）的大小。

（2）【变暗量】设置框：设置瞳孔的暗度。

2. 修复一张有红眼的照片

步骤 **01** 打开"素材\ch05\11.jpg"文件。

步骤 03 单击照片中的红眼区域，可得到如下图
所示的效果。

步骤 02 选择【红眼工具】 ，设置如下图所
示参数。

5.4.2 模糊工具：制作景深效果

【模糊工具】 一般用于柔化图像边缘或减少图像中的细节。使用模糊工具涂抹的区域，
图像会变模糊，从而使图像的主体部分变得更清晰。模糊工具主要通过柔化图像中的突出色彩和
僵硬边界，使图像的色彩过渡平滑，产生模糊图像效果。模糊工具的使用方法是：先选择这款工
具，在选项栏设置相关属性，主要是设置笔触大小及强度大小，然后在需要模糊的部分涂抹，涂
抹得越久，涂抹后的效果越模糊。

1.【模糊工具】相关参数设置

选择【模糊工具】 后的选项栏如下图所示。

【画笔】设置项：用于选择画笔的大小、硬度和形状。
【模式】下拉列表：用于选择色彩的混合方式。
【强度】设置框：用于设置画笔的强度。
【对所有图层取样】复选框：选中此复选框，可以使模糊工具作用于所有层的可见部分。

2. 使用【模糊工具】模糊背景

步骤 01 打开"素材\ch05\12.jpg"文件。

步骤 03 按住鼠标左键在需要模糊的背景上拖曳鼠标即可。

步骤 02 选择【模糊工具】◊，设置模式为"正常"，强度为"100%"。

5.4.3 锐化工具：实现图像清晰化效果

【锐化工具】△的作用与模糊工具相反，通过锐化图像边缘来增加清晰度，使模糊的图像边缘变得清晰。锐化工具用于增加图像边缘的对比度，以达到增强外观上的锐化程度的效果，简单地说，就是使用锐化工具能够使Photoshop 2020处理的图像看起来更加清晰，清晰的程度同样与在工具选项栏中设置的强度有关。

下面通过将模糊图像变为清晰图像来学习【锐化工具】的使用。

步骤 01 打开"素材\ch05\13.jpg"文件。

步骤 03 按住鼠标左键在五官上进行拖曳即可。

步骤 02 选择【锐化工具】△，设置模式为"正常"，强度为"50%"。

5.4.4 涂抹工具：制作火焰效果

使用【涂抹工具】可以模拟手指绘图在图像中产生流动的效果，被涂抹的颜色会沿着拖曳鼠标的方向展开。这款工具效果有点类似于用刷子在颜料没有干的油画上涂抹，会产生刷子划过的痕迹。涂抹的起始点颜色会随着涂抹工具的滑动延伸。这款工具操作起来不难，不过运用非常广泛，可以用来修正物体的轮廓，制作火焰字的时候可以用来制作火苗，美容的时候还可以用来磨皮，再配合一些路径可以制作非常新潮的彩带等。

1.【涂抹工具】的参数设置

选择【涂抹工具】后的选项栏如下图所示。

选中【手指绘画】复选框后可以设定涂痕的色彩，就好像用蘸上色彩的手指在未干的油墨上绘画一样。

2. 制造火焰效果

步骤 01 打开"素材\ch05\14.jpg"文件。

步骤 02 选择【涂抹工具】，各项参数保持不

变，可根据需要更改画笔的大小。

步骤 03 按住鼠标左键在火焰边缘上拖曳即可。

5.4.5 加深和减淡工具：加强照片对比效果

【减淡工具】可以快速增加图像中特定区域的亮度，表现出发亮的效果。这款工具可以把图片中需要变亮或增强质感的部分颜色加亮。通常情况下，选择中间调范围、曝光度较低数值进行操作。这样涂亮的部分过渡会较为自然。

【加深工具】🔎与减淡工具刚好相反，通过降低图像的曝光度来降低图像的亮度。这款工具主要用来增加图片的暗部，加深图片的颜色，可以用来修复一些过曝的图片、制作图片的暗角、加深局部颜色等。这款工具与减淡工具搭配使用效果会更好。

选择【加深工具】🔎后的选项栏如下图所示。

🔎 ~ 🔴 ~ ☐ 📐 范围: 中间调 ~ 曝光度: 100% ~ ☑ 📐 0° ☑ 保护色调 ☑

（1）【减淡工具】🔎和【加深工具】🔎的参数设置。

①【范围】下拉列表：有以下选项。

暗调：选中后只作用于图像的暗调区域。

中间调：选中后只作用于图像的中间调区域。

高光：选中后只作用于图像的高光区域。

②【曝光度】设置框：用于设置图像的曝光强度。

建议使用时先把【曝光度】的值设置得小一些，一般情况下选择15%比较合适。

（2）对图像的中间调进行处理以突出背景。

步骤 01 打开"素材\ch05\15.jpg"文件。

步骤 02 选择【减淡工具】🔎，保持各项参数不变，可根据需要更改画笔的大小。

🔎 ~ 🔴 ~ ☐ 📐 范围: 中间调 ~ 曝光度: 50% ~ ☑ 📐 0° ☑ 保护色调 ☑

步骤 03 按住鼠标左键在背景进行涂抹。

步骤 04 同理，使用【加深工具】🔎来涂抹人物。

> **小提示**
>
> 在使用【减淡工具】时，如果同时按【Alt】键可暂时切换为【加深工具】。同样，在使用【加深工具】时，如果同时按【Alt】键则可暂时切换为【减淡工具】。

5.4.6 海绵工具：制作夸张艺术效果

【海绵工具】🔘用于增加或降低图像的饱和度，类似于海绵吸水的效果，可以为图像增加或减少光泽感。当图像为灰度模式时，该工具通过使灰阶远离或靠近中间灰色来增加或降低对比度。在校色的时候经常用到。如图片局部的色彩浓度过大，可以用降低饱和度模式来减少颜色；图片局部颜色过淡的时候，可以用增加饱和度模式来加强颜色。这款工具只会改变颜色，不会对

图像造成任何损害。

选择【海绵工具】后的选项栏如下图所示。

1.【海绵工具】工具参数设置

在【模式】下拉列表中可以选择【降低饱和度】选项以降低色彩饱和度，选择【饱和度】选项以提高色彩饱和度。

2. 使用【海绵工具】制作艺术画效果

步骤 01 打开"素材\ch05\16.jpg"文件。

步骤 02 选择【海绵工具】，设置模式为"加色"，其他参数保持不变，可根据需要更改画笔的大小。

步骤 03 按住鼠标左键在图像上进行涂抹。

步骤 04 在选项栏的【模式】下拉列表中选择【去色】选项，再涂抹背景。

5.5 擦除图像

使用橡皮擦工具在图像中涂抹，如果图像为背景图层，则涂抹后的色彩默认为背景色；其下方有图层，则显示下方图层的图像。选择工具箱中的橡皮擦工具后，在其工具选项栏中可以设置笔刷的大小和硬度，硬度越大，绘制出的笔迹边缘越锋利。

如擦除人物图片的背景等。没有新建图层的时候，擦除的部分默认是背景颜色或透明的。同时可以在选项栏设置相关的参数，如模式、不透明度、流量等可以更好地控制擦除效果。与Photoshop 2020画笔有点类似，这款工具还可以配合蒙版来使用。

5.5.1 橡皮擦工具：制作图案叠加的效果

使用【橡皮擦工具】，可以通过拖曳鼠标来擦除图像中的指定区域。

1.【橡皮擦工具】的参数设置

选择【橡皮擦工具】后的选项栏如下图所示。

【画笔】选项：对橡皮擦的笔尖形状和大小进行设置。与【画笔工具】的设置相同，这里不再赘述。

【模式】下拉列表中有【画笔】【铅笔】和【块】模式3种选项。

2. 制作一张图案叠加的效果

步骤 01 打开"素材\ch05\17.jpg"和"素材\ch05\18.jpg"文件。

步骤 02 选择【移动工具】将"18.jpg"素材拖曳到"17.jpg"素材中，并调整其大小和位置。

步骤 05 设置图层的【不透明度值】为"60%"，最终效果如下图所示。

步骤 03 选择【橡皮擦工具】 ，保持各项参数不变，设置画笔的硬度为0，画笔的大小可根据涂抹时的需要进行更改。

步骤 04 按住鼠标左键在手所在位置进行涂抹，涂抹后的效果如右上图所示。

5.5.2 背景橡皮擦工具：擦除背景颜色

【背景橡皮擦工具】 是一种可以擦除指定颜色的擦除器，这个指定颜色叫作标本色，表现为背景色。【背景橡皮擦工具】只擦除了白色区域。其擦除的功能非常灵活，在一些情况下可以达到事半功倍的效果。

选择【背景橡皮擦工具】后的选项栏如下图所示。

（1）【画笔】设置项：用于选择形状。

（2）【限制】下拉列表：用于选择背景橡皮擦工具的擦除界限，包括以下3个选项。

①不连续：在选定的色彩范围内可以多次重复擦除。

②连续：在选定的标本色内不间断地擦除。

③查找边界：在擦除时保持边界的锐度。

（3）【容差】设置框：可以输入数值或者拖曳滑块进行调节。数值越低，擦除的范围越接近标本色。大的容差值会把其他颜色擦成半透明的效果。

（4）【保护前景色】复选框：用于保护前景色，使之不会被擦除。

（5）【取样】设置：用于选取标本色方式的选择设置，有以下3个选项。

①连续 ✐：单击此按钮，擦除时会自动选择所擦的颜色为标本色。此选项用于抹去不同颜色的相邻范围。在擦除一种颜色时，【背景橡皮擦工具】不能超过这种颜色与其他颜色的边界而完全进入另一种颜色，因为这时已不再满足相邻范围这个条件。当【背景橡皮擦工具】完全进入另一种颜色时，标本色即随之变为当前颜色，也就是说，当前所在颜色的相邻范围为可擦除的范围。

②一次 ✐：单击此按钮，擦除时首先在要擦除的颜色上单击以选定标本色，这时标本色已固定，然后就可以在图像上擦除与标本色相同的颜色范围。每次单击选定标本色只能进行一次不间断的擦除，如果要继续擦除则必须重新单击选定标本色。

③背景色板 ✐：单击此按钮即选定好背景色，即标本色，然后就可以擦除与背景色相同的色彩范围。

在Photoshop中是不支持背景层有透明部分的，而【背景橡皮擦工具】则可直接在背景层上擦除，因此擦除后Photoshop 2020会自动把背景层转换为一般层。

5.5.3 魔术橡皮擦工具：擦除背景

【魔术橡皮擦工具】有点类似魔棒工具，不同的是魔棒工具是用来选取图片中颜色近似的色块，魔术橡皮擦工具则是擦除色块。这款工具使用起来非常简单，只需在Photoshop 2020选项栏设置相关的容差值，然后在相应的色块上面用鼠标左键单击即可擦除。

（1）【魔术橡皮擦工具】的参数设置。

选择【魔术橡皮擦工具】后的选项栏如下。

【容差】文本框：输入容差值以定义可抹除的颜色范围。低容差会抹除颜色值范围内与点击像素非常相似的像素，高容差会抹除范围更广的像素。魔术橡皮擦工具与魔棒工具选取原理类似，可以通过设置容差的大小确定删除范围的大小。容差越大删除范围越大；容差越小，删除范围越小。

【消除锯齿】复选框：选择【消除锯齿】可使抹除区域的边缘平滑。

【连续】复选框：选中该复选框，可以只擦除相邻的图像区域；未选中该复选框时，可将不相邻的区域也擦除。

【对所有图层取样】复选框：选择【对所有图层取样】，以便利用所有可见Photoshop图层中的组合数据来采集抹除色样。

【不透明度】参数框：指定不透明度以定义抹除强度。100%的不透明度将完全抹除像素，较低的不透明度将部分抹除像素。

（2）使用【魔术橡皮擦工具】擦除背景。

步骤 01 打开"素材\ch05\19.jpg"文件。

步骤 02 选择【魔术橡皮擦工具】 ，设置容差值为"32"，不透明度为"100%"。

步骤 03 在紧贴人物的背景处单击，可以看到已经清除了颜色相似的背景。

5.6 填充与描边

　　　填充与描边在Photoshop中是一个比较简单的操作，但是利用填充与描边可以为图像制作出美丽的边框、文字的衬底、填充一些特殊的颜色等让人意想不到的图像处理效果。本节讲解使用Photoshop中的【油漆桶工具】和【描边】命令为图像增添特殊效果。

5.6.1 渐变工具：绘制香烟图像

　　Photoshop 2020的渐变工具用来填充渐变色，如果不创建选区，渐变工具将作用于整个图像。此工具的使用方法是按住鼠标左键拖曳，形成一条线段，线段的长度和方向决定了渐变填充的区域和方向，拖曳鼠标的同时按住【Shift】键可保证鼠标的方向是水平、竖直或45°。

　　选择【渐变工具】后的选项栏如下图所示。

　　（1）【点按可编辑渐变】 ：选择和编辑渐变的色彩，是渐变工具最重要的功能，通过它能够看出渐变的情况。

　　（2）渐变方式包括线性渐变、径向渐变、角度渐变、对称渐变和菱形渐变5种。

　　【线性渐变】 ：从起点到终点颜色在一条直线上过渡。

　　【径向渐变】 ：从起点到终点颜色按圆形向外发散过渡。

　　【角度渐变】 ：从起点到终点颜色做顺

时针过渡。

【对称渐变】■：从起点到终点颜色在一条直线上同时做两个方向的对称过渡。

【菱形渐变】■：从起点到终点颜色按菱形向外发散过渡。

（3）【模式】下拉列表：用于选择填充时的色彩混合方式。

（4）【反向】复选框：用于决定调转渐变色的方向，即把起点颜色和终点颜色进行交换。

（5）【仿色】复选框：选中此复选框会添加随机杂色以平滑渐变填充的效果。

（6）【透明区域】复选框：只有选中此复选框，不透明度的设定才会生效，包含有透明的渐变才能体现出来。

步骤01 打开"素材\ch05\20.jpg"文件，然后新建一个图层1。

步骤02 使用【矩形选框工具】绘制一个矩形作为香烟的前半部形状。

步骤03 选择【渐变工具】■，设置【浅灰色-白色-深灰色-浅灰色】的渐变颜色，然后填充到矩形选框中。

黄色-白色-深黄色-浅灰色】的渐变颜色，然后填充到矩形选框中。

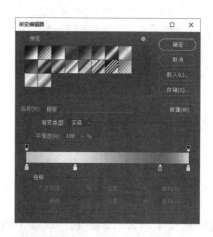

步骤 04 同理，创建香烟后半部分的矩形选框，新建一个图层2。

步骤 06 再次使用【矩形选框工具】创建香烟上的装饰条，新建一个图层3。

步骤 05 再次选择【渐变工具】，设置【浅

步骤 **07** 选择【渐变工具】 ，设置【铜色渐变】的渐变颜色，然后填充到矩形选框中。

步骤 **08** 复制一个装饰条图层，然后合并所有图层，为其添加【投影】的图层效果。

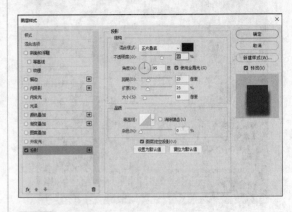

步骤 **09** 复制两个香烟图层，然后使用自由变形工具调整位置，最终效果如下图所示。

5.6.2 油漆桶工具：为卡通画上色

【油漆桶工具】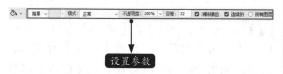是一款填色工具。这款工具可以快速对选区、画布、色块等填色或填充图案。该工具的操作也较为简单，先选择这款工具，在相应的地方点击鼠标左键即可填充。如果要在色块上填色，需要设置好选项栏中的容差值。

油漆桶工具可根据像素颜色的近似程度来填充颜色，填充的颜色为前景色或连续图案（油漆桶工具不能作用于位图模式的图像）。

步骤01 打开"素材\ch05\21.jpg"文件。

步骤02 选择【油漆桶工具】，在选项栏中设定各项参数。

步骤03 在工具箱中选择【设置前景色】按钮，在弹出的【拾色器（前景色）】对话框中，设置颜色（C：0，M：0，Y：100，K：0），然后单击【确定】按钮。

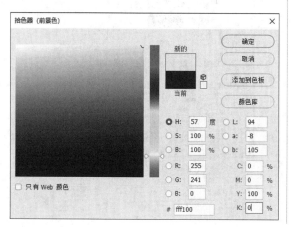

步骤04 把鼠标指针移到鱼鳍上并单击。

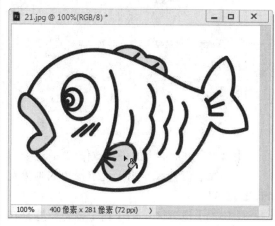

步骤05 同理，设置颜色（C：0，M：100，Y：100，K：0）并填充其他部位。

5.6.3 【描边】命令：制作描边效果

利用【编辑】菜单中的【描边】命令，可以为选区、图层和路径等勾画彩色边缘。与【图层样式】对话框中的描边样式相比，使用【描边】命令可以更加快速地创建更为灵活、柔和的边界，而描边图层样式只能作用于图层边缘。

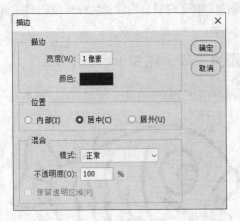

【描边】对话框中的各参数作用如下。

【描边】设置区：用于设定描边的画笔宽度和边界颜色。

【位置】设置区：用于指定描边位置是在边界内、边界中还是在边界外。

【混合】设置区：用于设置描边颜色的模式及不透明度，并可选择描边范围是否包括透明区域。

下面通过为图像添加边框的效果来学习【描边】命令的使用方法。

步骤 01 打开"素材\ch05\22.jpg"文件。

步骤 02 使用【魔棒工具】在图像中单击人物选择人物外轮廓。

步骤 03 选择【编辑】➤【描边】命令，在弹出的【描边】对话框中设置【宽度】为"10像素"，颜色根据自己喜好设置，【位置】设置为居中。

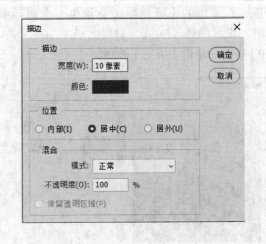

步骤 04 单击【确定】按钮，然后按【Ctrl+D】组合键取消选区。

5.7 综合实战——设计招贴海报

本实例学习使用【套索工具】和【自由变换工具】等工具来制作一幅有趣的招贴海报。

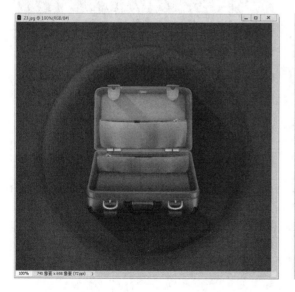

素材\ch05\23.jpg   结果\ch05\23.psd

步骤 01 打开"素材\ch05\23.jpg和24.jpg"文件。

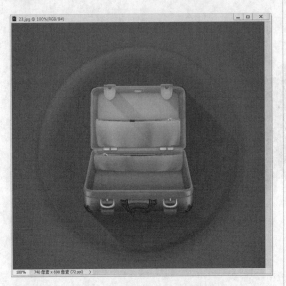

步骤 02 选择【移动工具】，将海景素材拖到皮箱素材中。

步骤 03 使用【多边形套索工具】和【磁性套索工具】选择皮箱下部分的内部图像。这里可以将海景图层的不透明度调到"50%"以便观察。

步骤 04 按【Shift+Ctrl+I】组合键反选后删除多余的海景图像。取消选区后，将不透明度调至"100%"，效果如下图所示。

步骤 05 打开"素材\ch05\26.jpg"文件，然后拖到皮箱文件中。

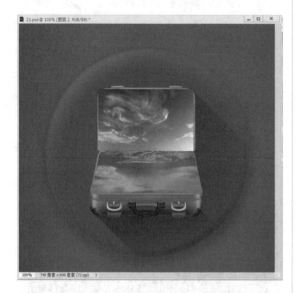

步骤 06 使用【多边形套索工具】和【磁性套索工具】选择皮箱上部分的内部图像。这里可以将天空图层的不透明度调到"50%"以便观察。

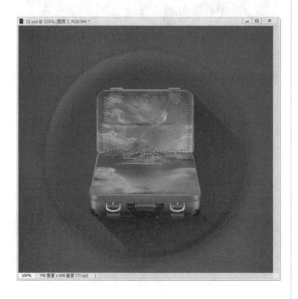

步骤 07 按【Shift+Ctrl+I】组合键反选后删除多余的天空图像，效果如下图所示。

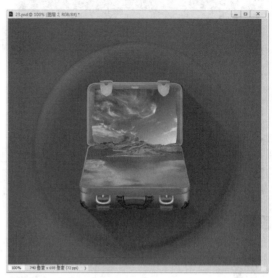

步骤 08 打开"素材\ch05\25.jpg"文件，使用【磁性套索工具】选择游艇图像，然后拖到皮箱文件中，并调整其位置和大小如下图所示。

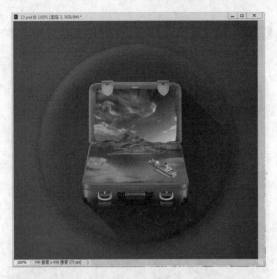

步骤⑩ 打开"素材\ch05\27.jpg"文件，使用【魔棒工具】选择海鸥图像，然后拖到皮箱文件中，并调整其位置和大小如下图所示，这样就完成了趣味招贴的设计。

步骤⑨ 复制游艇图层，并调整其位置和大小如下图所示作为游艇在海面的倒影，设置图层的不透明度为"36%"。

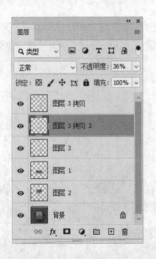

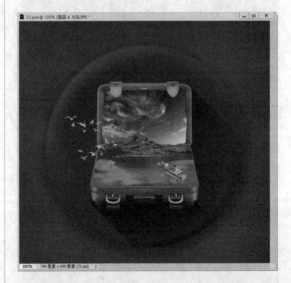

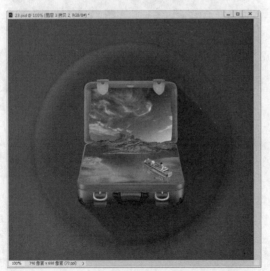

高手支招

技巧1：如何巧妙抠图

抠图其实一点也不难，只要有足够的耐心和细心，只需掌握最基础的Photoshop知识，就能完美地抠出图片。当然，这是靠时间换来的，用户应当掌握更简便、快速、效果好的抠图方法。

抠图，也就是所谓的"移花接木"术，是学习Photoshop的必修课，也是Photoshop最重要的功能之一。抠图方法无外乎两大类：一是作选区抠图；二是运用滤镜抠图。

选区法 ｛
　　直接选取 ｛选框工具、套索工具、魔术棒工具、钢笔工具、历史画笔工具等
　　间接（颜色）选区 ｛蒙版、通道、色彩范围、混合颜色、计算通道、色阶图层模式、通道混合器等

滤镜法 ｛
　　PS自带的"抽出"滤镜
　　外挂滤镜 ｛KnockOut
　　　　　　　MaskPro等

技巧2：为旧照片着色

当打开很老的照片时，发现照片已经失去原来的色彩，不免让人伤心，不过不用怕，可以使用Photoshop强大的图像色彩调整功能来为照片着色。具体的操作步骤如下。

步骤01 打开"素材\ch05\28.jpg"文件。

步骤02 按【Ctrl+L】组合键，打开【色阶】对话框。在对话框中可通过调整【输入色阶】和【输出色阶】来控制图像的明暗对比，调整时用鼠标拖拉对话框下方的三角形滑杆或者在参数栏中直接输入数值即可。如把输入色阶调整为38、0.7和248，输出色阶则保持不变，这样就可以加大色彩的明暗对比度，使图像得到曝光过度的效果。

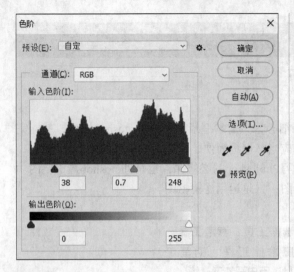

步骤 **03** 按【Ctrl+U】组合键，打开【色相/饱和度】设置对话框，选中【着色】复选框，这样可以将图像变为单一色相调整，以便给图像着色。

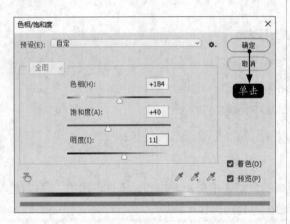

步骤 **04** 单击【确定】按钮，图像最终效果如下图所示。

第6章

图层及图层样式的应用

学习目标——

　　图层功能是Photoshop处理图像的基本功能，也是Photoshop中很重要的一部分。图层就像玻璃纸，每张玻璃纸上有一部分图像，将这些玻璃纸重叠起来，就是一幅完整的图像，而修改一张玻璃纸上的图像不会影响其他图像。本章介绍图层的基本操作和应用。

学习效果——

6.1 认识图层

在学习图层的使用方法之前，需要了解一些图层的基本知识。

6.1.1 图层特性

图层是Photoshop 最为核心的功能之一。图层就像是含有文字或图形等元素的胶片，一张张按顺序叠放在一起，组合起来形成页面的最终效果。图层可以将页面上的元素精确定位。使用【图层】可以把一幅复杂的图像分解为相对简单的多层结构，并对图像进行分级处理，从而减少图像处理工作量并降低难度。通过调整各个【图层】之间的关系，能够实现更加丰富和复杂的视觉效果。

为了理解什么是图层这个概念，可以回忆一下手工制图时用透明纸作图的情况：当一幅图过于复杂或图形中各部分干扰较大时，可以按一定的原则将一幅图分解为几个部分，然后分别将每一部分按照相同的坐标系和比例画在透明纸上，完成后将所有透明纸按同样的坐标重叠在一起，最终得到一幅完整的图形。当需要修改其中某一部分时，可以将要修改的透明纸抽取出来单独进行修改，而不会影响到其他部分。

看过上面的介绍，应该对什么是图层有一个大概的印象了。Photoshop 2020图层的概念，参照了用透明纸进行绘图，各部分绘制在不同的图层上。透过这层纸，可以看到纸后面的东西，无论在这层纸上如何涂画，都不会影响其他Photoshop 2020图层中的图像，也就是说每个图层可以进行独立的编辑或修改。

图层承载了几乎所有的编辑操作。如果没有图层，所有的图像将处在同一个平面上，这对于图像的编辑来讲，简直是无法想象的。正是因为有了图层功能，Photoshop才变得如此强大。本节将讲解图层的透明性、独立性和遮盖性3种特性。

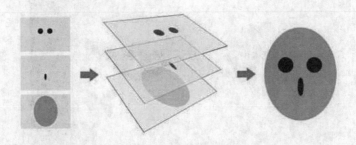

1. 透明性

透明性是图层的基本特性。图层就像是一层层透明的玻璃纸，在没有绘制色彩的部分，透过上面图层的透明部分，能够看到下面图层的图像效果。在Photoshop中图层的透明部分表现为灰白相间的网格。

可以看到，即使图层1上面有图层2，但是透过图层2仍然可以看到图层1中的内容，这说明图层2具备图层的透明性。

2. 独立性

为了灵活地操作一幅作品中任何一部分的内容，在Photoshop中可以将作品中的每一部分放到一个图层中。图层与图层之间是相互独立的，在对其中的一个图层进行操作时，其他的图层不会受到干扰。图层调整前后的对比效果如右图所示。

可以看到，当改变其中一个对象的时候，其他的对象保持原状，这说明图层相互之间保持了一定的独立性。

3. 遮盖性

图层之间的遮盖性指的是当一个图层中有图像信息时，会遮盖住下层图像中的图像信息，如下图所示。

6.1.2 【图层】面板

Photoshop 2020中的所有图层都被保存在【图层】面板中，对图层的各种操作基本上都可以在【图层】面板中完成。使用【图层】面板可以创建、编辑和管理图层以及为图层添加样式，还可以显示当前编辑的图层信息，使用户清楚地掌握当前图层操作的状态。

选择【窗口】➤【图层】命令或按【F7】键，可以打开【图层】面板。

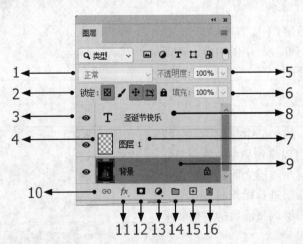

（1）图层混合模式：创建图层中图像的各种混合效果。

（2）【锁定】工具栏：4个按钮分别是【锁定透明像素】【锁定图像像素】【锁定位置】和【锁定全部】。

（3）显示或隐藏：显示或隐藏图层。当图层左侧显示眼睛图标●时，表示当前图层在图像窗口中显示；单击眼睛图标●，图标消失并隐藏该图层中的图像。

（4）图层缩览图：该图层的显示效果预览图。

（5）图层不透明度：设置当前图层的不透明效果，值为0~100，设置为0完全透明，100为不透明。

（6）图层填充不透明度：设置当前图层的填充百分比，值为0~100。

（7）图层名称：图层的名称。

（8）当前图层：在【图层】面板中，蓝色高亮显示的图层为当前图层。

（9）背景图层：在【图层】面板中，位于最下方的图层名称为"背景"两字的图层，即是背景图层。

（10）链接图层 ∞：在图层上显示图标 ∞ 时，表示图层与图层之间是链接图层，在编辑图层时可以同时进行编辑。

（11）添加图层样式 fx：单击该按钮，从弹出的菜单中选择相应选项，可以为当前图层添加图层样式效果。

（12）添加图层蒙版 ▣：单击该按钮，可以为当前图层添加图层蒙版效果。

（13）创建新的填充或调整图层 ◕：单击该按钮，从弹出的菜单中选择相应选项，可以创建新的填充图层或调整图层。

（14）创建新组 ▭：创建新的图层组。可以将多个图层归为一个组，这个组可以在不需要操作时折叠起来。无论组中有多少个图层，折叠后只占用相当于一个图层的空间，从而可以方便管理图层。

（15）创建新图层 ⊞：单击该按钮，可以创建一个新的图层。

（16）删除图层 🗑：单击该按钮，可以删除当前图层。

6.1.3 图层类型

Photoshop的图层类型有多种，可以将图层分为普通图层、背景图层、文字图层、形状图层、蒙版图层和调整图层6种。

1. 普通图层

普通图层是一种常用的图层。在普通图层上可以进行各种图像编辑操作。

2. 背景图层

使用Photoshop新建文件时，如果【背景内容】选择为白色或背景色，在新文件中就会自动创建一个背景图层，并且该图层还有一个锁定的标志。背景图层始终在最底层，就像一栋楼房的地基一样，不能与其他图层调整叠放顺序。

一个图像中可以没有背景图层，但最多只能有一个背景图层。

背景图层的不透明度不能更改，不能为背景图层添加图层蒙版，也不可以使用图层样式。如果要改变背景图层的不透明度，为其添

加图层蒙版或者使用图层样式，可以先将背景图层转换为普通图层。

将背景图层转换为普通图层的具体操作如下。

步骤 01 打开"素材\ch06\1.jpg"文件。

步骤 02 选择【窗口】➤【图层】命令，打开【图层】面板。在【图层】面板中选定背景图层。

步骤 03 选择【图层】➤【新建】➤【背景图层】命令。

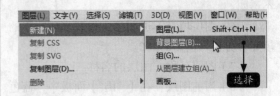

步骤 04 弹出【新建图层】对话框。

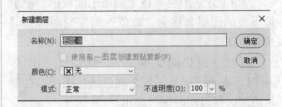

步骤 05 单击【确定】按钮，背景图层即转换为普通图层。使用【背景橡皮擦工具】 和【魔术橡皮擦工具】 擦除背景图层时，背景图层便自动变成普通图层。直接在背景图层上双击，可以快速将背景图层转换为普通图层。

3. 文字图层

使用【工具】面板中的【文字】工具输入文本就可以创建文字图层。文字图层是一种特殊的图层，用于存放文字信息。文字图层在【图层】面板中的缩览图与普通图层不同。

文字图层 ← 文字图层

文字图层主要用于编辑图像中的文本内容。可以对文字图层进行移动、复制等操作，但是不能使用绘画和修饰工具来绘制和编辑文字图层中的文字，不能使用【滤镜】命令。如果需要编辑文字，则必须栅格化文字图层，被栅格化后的文字将变为位图图像，不能再修改其文字内容。

栅格化操作就是把矢量图转化为位图。在Photoshop中有一些图是矢量图，如用【文字工具】输入的文字或用【钢笔工具】绘制的图形。如果希望对这些矢量图形做进一步的处理，如要使文字具有影印效果，就要使用【滤

镜】▶【素描】▶【影印】命令，而该命令只能处理位图图像，不能处理矢量图。此时就需要先把矢量图栅格化，转化为位图，再进一步处理。矢量图经过栅格化处理变成位图后，就失去了矢量图的特性。

栅格化文字图层就是将文字图层转换为普通图层。需要栅格化时可以执行下列操作之一。

（1）普通方法。

选中文字图层，选择【图层】▶【栅格化】▶【文字】命令，文字图层即转换为普通图层。

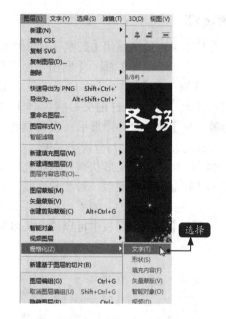

选择

将文字图层转换为普通图层

（2）快捷方法。

在【图层】面板中的文字图层上右击，从弹出的快捷菜单中选择【栅格化文字】命令，可以将文字图层转换为普通图层。

4. 形状图层

形状图层一般是使用【工具】面板中的形状工具（【矩形工具】▢、【圆角矩形工具】▢、【椭圆工具】◯、【多边形工具】◯、【直线工具】／、【自定义形状工具】🅰或【钢笔工具】✐）绘制图形后而自动创建的图层。形状是矢量对象，与分辨率无关。

形状图层包含定义形状颜色的填充图层和定义形状轮廓的矢量蒙版。形状轮廓是路径，显示在【路径】面板中。如果当前图层为形状图层，则在【路径】面板中可以看到矢量蒙版的内容。

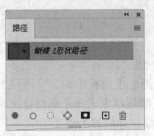

用户可以对形状图层进行修改和编辑，具体操作如下。

步骤 01 打开"素材\ch06\2.jpg"文件。

步骤 02 创建一个形状图层，然后在【图层】面板中双击图层的缩览图。

步骤 03 打开【拾色器（纯色）】对话框，选择相应的颜色后单击【确定】按钮，重新设置填充颜色。

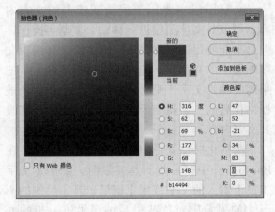

步骤 04 使用【工具】面板中的【直接选择工

具】 ，修改或编辑形状中的路径。

（2）路径和蒙版栅格化。

选择【图层】➤【栅格化】➤【填充内容】命令，将栅格化形状图层填充，同时保留矢量蒙版。

如果要将形状图层转换为普通图层，需要栅格化形状图层。栅格化形状图层有以下3种方法。

（1）完全栅格化法。

选择形状图层，选择【图层】➤【栅格化】➤【形状】命令，将形状图层转换为普通图层，同时不保留蒙版和路径。

（3）蒙版栅格化法。

在上一步操作的基础上，选择【图层】➤【栅格化】➤【矢量蒙版】命令，栅格化形状图层的矢量蒙版，同时将其转换为图层蒙版，丢失路径。

5. 蒙版图层

图层蒙版是一个很重要的功能，在处理图像时经常会用到。图层蒙版的好处，是不会破坏原图，并且PS在蒙版上处理的速度也比在图片上直接处理要快很多。一般地，在抠图或者合成图像时，会经常用到图层蒙版。

蒙版图层是用来存放蒙版的一种特殊图层，依附于除背景图层以外的其他图层。蒙版的作用是显示或隐藏图层的部分图像，也可以保护区域内的图像，以免被编辑。用户可以创建的蒙版类型有图层蒙版和矢量蒙版两种。

（1）图层蒙版。

图层蒙版是与分辨率有关的位图图像，由绘画或选择工具创建。创建图层蒙版的具体操作如下。

步骤01 打开"素材\ch06\3.jpg"和"素材\ch06\4.jpg"文件。

步骤02 使用【工具】面板中的【移动工具】，选择并拖曳"4.jpg"图片到"3.jpg"图片上。

步骤03 按【Ctrl+T】组合键对翅膀图片进行变形并调整大小和位置，使其与女孩人物配合好（为了方便观察，可以将该图层的不透明度值调低）。

步骤 04 单击【图层】面板下方的【添加图层蒙版】按钮 □，为当前图层创建图层蒙版。

步骤 05 根据需要调整图片的位置，然后把前景色设置为黑色，选择【画笔工具】 ✎，开始涂抹直至两幅图片融合在一起。

这时，可以看到两幅图片已经融合在一起，构成了一幅图片。

选择图层后选择【图层】➤【图层蒙版】命令，在弹出的子菜单中选择合适的命令，即可创建图层蒙版。

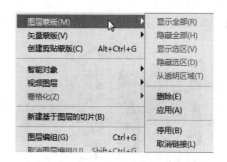

（2）矢量蒙版。

矢量蒙版与分辨率无关，一般是使用【工具】面板中的【钢笔工具】 ✐、形状工具（【矩形工具】 ▢、【圆角矩形工具】 ▢、【椭圆工具】 ◯、【多边形工具】 ◯、【直线工具】 ╱、【自定义形状工具】 ⚝）绘制图形后而创建的。

矢量蒙版可在图层上创建锐边形状。若需要添加边缘清晰的图像，可以使用矢量蒙版。

6. 调整图层

用户使用调整图层，可以将颜色或色调调整应用于多个图层，而不会更改图像中的实际颜色或色调。颜色和色调调整信息存储在调整图层中，并且影响它下面的所有图层。这意味着操作一次即可调整多个图层，而不用分别调整每个图层。

使用调整图层调整图像色彩的方法如下。

步骤 01 打开"素材\ch06\5.jpg"文件。

步骤 02 单击【图层】面板下方的【创建新的填充或调整图层】按钮 ◑，在弹出的快捷菜单中选

择【色相/饱和度】命令，创建一个调整图层。

步骤 03 创建调整图层的同时，软件打开了【属性】面板，可以调整图层【色相/饱和度】的相关参数。

步骤 04 调整图层的【色相/饱和度】后的效果如下图所示。

小提示

用户可以使用【Ctrl+O】组合键或在工作区域内双击，快速打开【打开】对话框。

6.2 选择图层

在处理包含多个图层的文档时，需要选择相应的图层来进行调整。在Photoshop的【图层】面板上深颜色显示的图层为当前图层，大多数的操作是针对当前图层进行的，因此对当前图层的确定十分重要。选择图层的方法如下。

步骤 01 打开"素材\ch06\6.psd"文件。

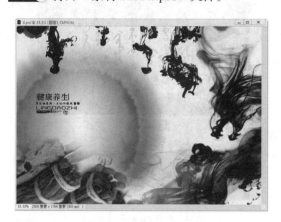

步骤 02 在【图层】面板中选择【图层1】图层即可选择"背景图片"所在的图层。此时"背

景图片"所在的图层为当前图层。

步骤 03 还可以直接在图像中的"背景图片"上右击，然后在弹出的菜单中选择【图层1】图层即可选中"背景图片"所在的图层。

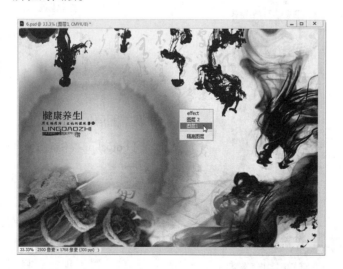

6.3 调整图层叠加顺序

改变图层的排列顺序就是改变图层像素之间的叠加次序，可以通过直接拖曳图层的方法来实现改变图层的排列顺序。

1. 调整图层位置

步骤 01 打开"素材\ch06\7.psd"文件。

步骤 02 选中"白色背景"所在的【图层21】图层，选择【图层】➤【排列】➤【后移一层】命令。

效果如右上图所示。

2. 调整图层位置的技巧

Photoshop提供有5种排列方式。

置为顶层(F)	Shift+Ctrl+]
前移一层(W)	Ctrl+]
后移一层(K)	Ctrl+[
置为底层(B)	Shift+Ctrl+[
反向(R)	

（1）置为顶层：将当前图层移动到最上层，快捷键为【Shift+Ctrl+]】。

（2）前移一层：将当前图层向上移一层，快捷键为【Ctrl+]】。

（3）后移一层：将当前图层向下移一层，快捷键为【Ctrl+〔】。

（4）置为底层：将当前图层移动到最底层，快捷键为【Shift+Ctrl+〔】。

（5）反向：将选中的图层顺序反转。

6.4 合并与拼合图层

　　合并图层即为将多个有联系的图层合并为一个图层，以便于进行整体操作。首先选择要合并的多个图层，然后选择【图层】➤【合并图层】命令即可。也可以通过快捷键【Ctrl+E】来完成。

1. 合并图层

步骤 01 打开"素材\ch06\6.psd"文件。

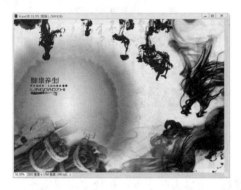

步骤 02 在【图层】面板中按住【Ctrl】键的同时单击所有图层，单击【图层】面板右上角的 ≡ 按钮，在弹出的快捷菜单中选择【合并图层】命令。

最终效果如下图所示。

2. 合并图层的操作技巧

　　Photoshop提供有三种合并的方式。

　　（1）合并图层：在没有选择多个图层的状态下，可以将当前图层与其下面的图层合并为一个图层。也可以通过【Ctrl+E】组合键来完成。

　　（2）合并可见图层：将所有的显示图层合并到背景图层中，隐藏图层被保留。也可以通过【Shift+Ctrl+E】组合键来完成。

　　（3）拼合图像：可以将图像中的所有可见图层都合并到背景图层中，隐藏图层则被删除。这样可以大大降低文件的大小。

6.5 图层编组

【图层编组】命令用来创建图层组，如果当前选择了多个图层，则可以选择【图层】➤【图层编组】命令（也可以通过【Ctrl+G】组合键来执行此命令），将选择的图层编为一个图层组。

图层编组的具体操作如下。

步骤 01 打开"素材\ch06\6.psd"文件。

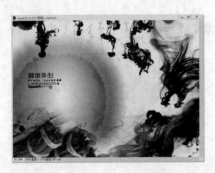

步骤 02 在【图层】面板中按【Ctrl】键的同时单击【图层1】【图层2】和【图层3】图层，单击【图层】面板右上角的小三角按钮≡，在弹出的快捷菜单中选择【从图层新建组】命令。

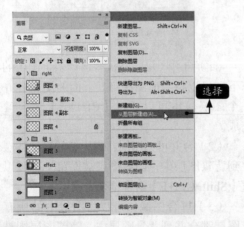

步骤 03 弹出【从图层新建组】对话框，设定名称等参数，然后单击【确定】按钮。

此时即可创建一个图层新组"组2"，如下图所示。

步骤 04 如果当前文件中创建了图层编组，选择【图层】➤【取消图层编组】命令，可以取消选择的图层组编组。

6.6 图层的对齐与分布

在Photoshop 2020中绘制图像时有时需要对多个图像进行整齐的排列，以达到一种美的感觉；在Photoshop 2020中提供了6种对齐方式，可以快速准确地排列图像。依据当前图层和链接图层的内容，可以进行图层之间的对齐操作。

1. 图层的对齐与分布具体操作

步骤 01 打开"素材\ch06\8.psd"文件。

步骤 02 在【图层】面板中按住【Ctrl】键的同时单击【图层1】【图层2】【图层3】和【图层4】图层。

步骤 03 选择【图层】➤【对齐】➤【顶边】命令。

最终效果如下图所示。

2. 图层对齐的操作技巧

Photoshop提供有6种排列方式。

▐ 顶边(T)
╫ 垂直居中(V)
▙ 底边(B)

▐ 左边(L)
╪ 水平居中(H)
▟ 右边(R)

（1）顶边：将链接图层顶端的像素对齐到当前工作图层顶端的像素或者选区边框的顶端，以此方式来排列链接图层的效果。

（2）垂直居中：将链接图层的垂直中心像素对齐到当前工作图层垂直中心的像素或者选区的垂直中心，以此方式来排列链接图层的效果。

（5）水平居中：将链接图层水平中心的像素对齐到当前工作图层水平中心的像素或者选区的水平中心，以此方式来排列链接图层的效果。

（3）底边：将链接图层最下端的像素对齐到当前工作图层的最下端像素或者选区边框的最下端，以此方式来排列链接图层的效果。

（6）右边：将链接图层最右端的像素对齐到当前工作图层最右端的像素或者选区边框的最右端，以此方式来排列链接图层的效果。

（4）左边：将链接图层最左边的像素对齐到当前工作图层最左端的像素或者选区边框的最左端，以此方式来排列链接图层的效果。

3."分布"是将选中或链接图层之间的图层均匀地分布

Photoshop提供有8种分布的方式，如下图所示。

顶边：参照最上面和最下面两个图形的顶边，中间的每个图层以像素区域的最顶端为基础，在最上和最下的两个图形之间均匀地分布。

垂直居中：参照每个图层垂直中心的像素均匀地分布链接图层。

底边：参照每个图层最下端像素的位置均匀地分布链接图层。

左边：参照每个图层最左端像素的位置均匀地分布链接图层。

水平居中：参照每个图层水平中心像素的位置均匀地分布链接图层。

右边：参照每个图层最右端像素的位置均匀地分布链接图层。

水平：在图层之间均匀分布水平间距。

垂直：在图层之间均匀分布垂直间距。

小提示

关于对齐、分布命令也可以通过按钮来完成。首先要保证图层处于链接状态，当前工具为移动工具，这时在属性栏中就会出现相应的对齐、分布按钮。

6.7 图层样式

利用Photoshop 2020【图层样式】可以对图层内容快速应用效果。图层样式是多种图层效果的组合，Photoshop提供有多种图像效果，如阴影、发光、浮雕和颜色叠加等。

当图层具有样式时，【图层面板】中该图层名称的右边出现【图层样式】图标，将效果应用于图层的同时，也创建了相应的图层样式。在【图层样式】对话框中可以对创建的图层样式进行修改、保存和删除等编辑操作。

6.7.1 使用图层样式

在Photoshop中对图层样式进行管理是通过【图层样式】对话框进行的。

1. 使用【图层样式】命令

步骤 01 选择【图层】➤【图层样式】命令添加各种样式。

步骤 02 单击【图层】面板下方的【添加图层样式】按钮 *fx*，也可以添加各种样式。

2.【图层样式】对话框参数设置

在【图层样式】对话框中可以对一系列的参数进行设定，实际上图层样式是一个集成的命令群，它是由一系列的效果集合而成的，其中包括很多样式。

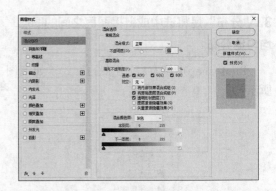

【填充不透明度】设置项：设置Photoshop 2020图像的透明度。当设置参数为100%时，图像为完全不透明状态；当设置参数为0%时，图像为完全透明状态。

【通道】：可以将混合效果限制在指定的通道内。单击R选项，使该选项取消勾选，这时"红色"通道将不会进行混合。在3个复选框中，可以选择参加高级混合的R、G、B通道中的任何一个或者多个。3个选项不选择也可以，但是在一个选项也不选择的情况下，一般得不到理想的效果。

【挖空】下拉列表：控制投影在半透明图层中的可视性或闭合。应用这个选项可以控制图层色调的深浅，有3个下拉菜单项，它们的效果各不相同。选择【挖空】为【深】，将【填充不透明度】数值设定为0，挖空到背景图层效果。

【将内部效果混合成组】复选框：选中这个复选框可将本次操作作用到图层的内部效果，然后合并到一个组中。这样下次出现在窗口的默认参数即为现在的参数。

【将剪切图层混合成组】复选框：将剪切的图层合并到同一个组中。

【混合颜色带】设置区：将图层与该颜色混和，它有灰色、红色、绿色和蓝色4个选项。可以根据需要选择适当的颜色，以达到意想不到的效果。

6.7.2 制作投影效果

应用【投影】选项可以在图层内容的背后添加阴影效果。

1. 应用【投影】命令

步骤 01 打开"素材\ch06\9.psd"文件。

步骤 02 选择图层1，单击【添加图层样式】按钮 fx，在弹出的【添加图层样式】菜单中选择【投影】选项。在弹出的【图层样式】对话框中进行参数设置。

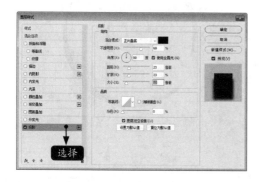

步骤 03 单击【确定】按钮，最终效果如下图所示。

2.【投影】选项的参数设置

（1）【角度】设置项：确定效果应用于图层时所采用的光照角度，下图分别是角度为0、90和-90的效果。

（2）【使用全局光】复选框：选中该复选框，所产生的光源作用于同一个图像中的所有

图层；撤选该复选框，产生的光源只作用于当前编辑的图层。

（3）【距离】设置项：控制阴影离图层中图像的距离。

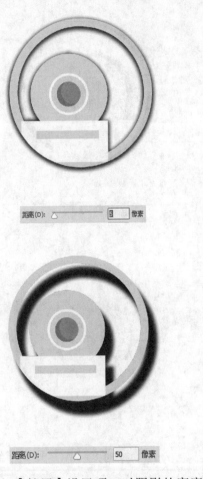

（5）【大小】设置项：控制阴影的总长度。加上适当的Spread参数会产生一种逐渐从阴影色到透明的效果，就好像将固定量的墨水泼到固定面积的画布上，但不是均匀地，而是从全"黑"到透明地渐变。

（4）【扩展】设置项：对阴影的宽度进行细微的调整，可以用测试距离的方法检验。

（6）【消除锯齿】复选框：选中该复选框，在用固定的选区做一些变化时，可以使变化的效果不至于显得很突然，从而使效果过渡变得柔和。

（7）【杂色】设置项：输入数值或拖曳滑块时，可以改变发光不透明度或暗调不透明度中随机元素的数量。

杂色(N): 　　　　　　　　　43 ％

（8）【等高线】设置项：应用这个选项可以使图像产生立体的效果。单击其下拉菜单按钮会弹出等高线窗口，从中可以根据图像选择适当的模式。

杂色(N): 　　　　　　　　　0 ％

6.7.3 制作内阴影效果

应用【内阴影】选项，可以围绕图层内容的边缘添加内阴影效果。使用【内阴影】命令制作投影效果的具体操作如下。

步骤 01 打开"素材\ch06\10.jpg"文件，双击背景图层转换成普通图层。

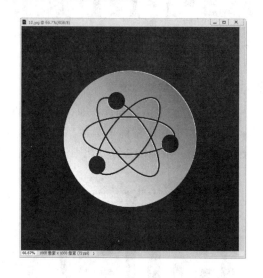

步骤 02 单击【添加图层样式】按钮 fx.，在弹出的【添加图层样式】菜单中选择【内阴影】选项。在弹出的【图层样式】对话框中进行参数设置。

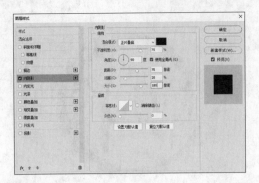

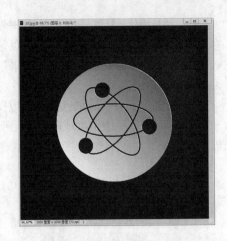

步骤 03 单击【确定】按钮后会产生一种立体化的内投影效果。

6.7.4 制作文字外发光效果

应用【外发光】选项可以围绕图层内容的边缘创建外部发光效果。下面介绍使用【外发光】命令制作发光文字。

1. 使用【外发光】命令制作发光文字

步骤 01 打开"素材\ch06\11.psd"文件。

步骤 02 选择图层1，单击【添加图层样式】按钮 *fx*，在弹出的【添加图层样式】菜单中选择【外发光】选项。在弹出的【图层样式】对话框中进行参数设置。

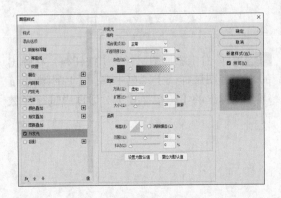

步骤 03 单击【确定】按钮，最终效果如下图所示。

2.【外发光】选项参数设置

（1）【方法】下拉列表：即边缘元素的模型，有【柔和】和【精确】两种。柔和的边缘变化比较模糊，精确的边缘变化则比较清晰。

（2）【扩展】设置项：即边缘向外边扩展。与前面介绍的【阴影】选项中的【扩展】设置项的用法类似。

（3）【大小】设置项：用以控制阴影面积的大小，变化范围是0～250像素。

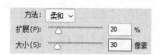

（4）【等高线】设置项：应用这个选项可以使图像产生立体的效果。单击其下拉菜单按钮会弹出等高线窗口，从中可以根据图像选择适当的模式。

（5）【范围】设置项：等高线运用的范围，其数值越大效果越不明显。

（6）【抖动】设置项：控制光的渐变。数值越大图层阴影的效果越不清楚，且会变成有杂色的效果；数值越小就会越接近清楚的阴影效果。

6.7.5　制作内发光效果

应用【内发光】选项可以围绕图层内容的边缘创建内部发光效果。

【内发光】选项设置与【外发光】几乎一样，只是【外发光】选项卡中的【扩展】设置项变成了【内发光】中的【阻塞】设置项。外发光得到的阴影是在图层的边缘，在图层之间看不到效果的影响；内发光得到的效果只在图层内部，即得到的阴影只出现在图层不透明的区域。

使用【内发光】命令制作发光文字效果的具体步骤如下。

步骤 01 打开"素材\ch06\12.jpg"文件，双击背景图层转换成普通图层。

步骤 02 单击【添加图层样式】按钮 fx，在弹出的【添加图层样式】菜单项中选择【内发光】选项。在弹出的【图层样式】对话框中进行参数设置。

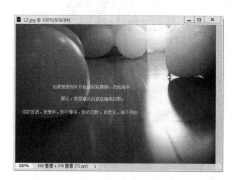

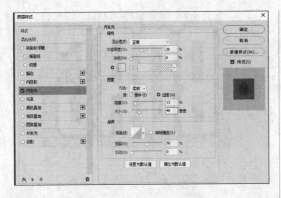

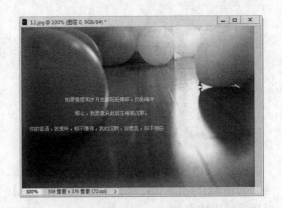

步骤 03 单击【确定】按钮，最终效果如右图所示。

6.7.6 创建立体图标

应用【斜面和浮雕】选项可以为图层内容添加暗调和高光效果，使图层内容呈现凸起的效果。

1. 使用【斜面和浮雕】命令创建立体文字

步骤 01 打开"素材\ch06\13.psd"文件。

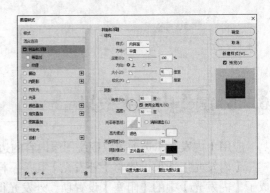

步骤 02 选择"图层1"，单击【添加图层样式】按钮 ，在弹出的【添加图层样式】菜单项中选择【斜面和浮雕】选项。在弹出的【图层样式】对话框中进行参数设置。

步骤 03 单击【确定】按钮，最终形成的立体文字效果如下图所示。

2.【斜面和浮雕】选项参数设置

（1）【样式】下拉列表：在此下拉列表中共有内斜面、外斜面、浮雕效果、枕状浮雕和描边浮雕5种模式。

（2）【方法】下拉列表：在此下拉列表中有平滑、雕刻清晰和雕刻柔和三个选项。

平滑：选择该选项，可以得到边缘过渡比较柔和的图层效果，也就是它得到的阴影边缘变化不尖锐。

雕刻清晰：选择该选项，可以得到边缘变化明显的效果。与【平滑】选项相比，它产生的效果立体感特别强。

雕刻柔和：与【雕刻清晰】选项类似，但是它的边缘的色彩变化要稍微柔和。

（3）【深度】设置项：控制效果的颜色深度。数值越大，得到的阴影颜色越深；数值越小，得到的阴影颜色越浅。

（4）【大小】设置项：控制阴影面积的大小，拖动滑块或者直接更改右侧文本框中的数值可以得到合适的效果图。

（5）【软化】设置项：拖动滑块可以调节阴影的边缘过渡效果，数值越大边缘过渡越柔和。

（6）【方向】设置项：用来切换亮部和阴影的方向。选择【上】单选项，亮部在上面；选择【下】单选项，则亮部在下面。

（7）【角度】设置项：控制灯光在圆中的角度。圆中的【+】符号可以用鼠标移动。

（8）【使用全局光】复选框：决定应用于图层效果的光照角度。可以定义一个全角，应用到图像中所有的图层效果；也可以指定局部角度，仅应用于指定的图层效果。使用全角可以制造出一种连续光源照在图像上的效果。

（9）【高度】设置项：指光源与水平面的夹角。

（10）【光泽等高线】设置项：这个选项的编辑和使用的方法与前面提到的等高线的编辑方法一样。

（11）【消除锯齿】复选框：选中该复选框，在使用固定的选区做一些变化时，变化的效果不至于显得很突然，可使效果过渡变得柔和。

（12）【高光模式】下拉列表：相当于在图层的上方有一个带色光源。光源的颜色可以通过右侧的颜色块来调整，它会使图层达到许多种不同的效果。

（13）【阴影模式】下拉列表：可以调整阴影的颜色和模式。通过右侧的颜色块可以改变阴影的颜色，在下拉列表中可以选择阴影的模式。

6.7.7 为文字添加光泽度

应用【光泽】选项可以根据图层内容的形状在内部应用阴影，创建光滑的打磨效果。

1. 为文字添加光泽效果

步骤 01 打开"素材\ch06\14.psd"文件。

步骤 02 选择图层1，单击【添加图层样式】按钮 *fx*，在弹出的【添加图层样式】菜单中选择【光泽】选项。在弹出的【图层样式】对话框中进行参数设置。

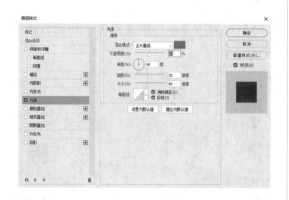

步骤 03 单击【确定】按钮，形成的光泽效果如右上图所示。

2.【光泽】选项参数设置

【混合模式】下拉列表：它以图像和黑色为编辑对象，其模式与图层的混合模式一样，只是在这里Photoshop将黑色当作一个图层进行处理。

【不透明度】设置项：调整混合模式中颜色图层的不透明度。

【角度】设置项：即光照射的角度，它控制着阴影所在的方向。

【距离】设置项：数值越小，图像上被效果覆盖的区域越大。其值控制着阴影的距离。

【大小】设置项：控制实施效果的范围，范围越大效果作用的区域越大。

【等高线】设置项：应用这个选项可以使图像产生立体的效果。单击其下拉菜单按钮会弹出等高线窗口，从中可以根据图像选择适当的模式。

6.7.8 为图层内容套印颜色

应用【颜色叠加】选项可以为图层内容套印颜色。

步骤 01 打开"素材\ch06\15.jpg"文件，双击背景图层转换成普通图层。

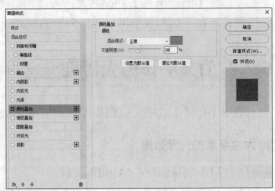

步骤 02 将背景图层转化为普通图层，然后单击【添加图层样式】按钮 *fx*，在弹出的【添加图层样式】菜单中选择【颜色叠加】选项。在弹出的【图层样式】对话框中为图像叠加橘红色（C：0，M：50，Y：100，K：0），并设置其他参数。

步骤 03 单击【确定】按钮，最终效果如下图所示。

6.7.9 实现图层内容套印渐变效果

应用【渐变叠加】选项可以为图层内容套印渐变效果。

1. 为图像添加渐变叠加效果

步骤 01 打开"素材\ch06\16.psd"文件。

步骤 02 选择图层1，然后单击【添加图层样式】按钮 *fx*，在弹出的【添加图层样式】菜单中选择【渐变叠加】选项。在弹出的【图层样式】

对话框中为图像添加渐变效果，并设置其他参数。

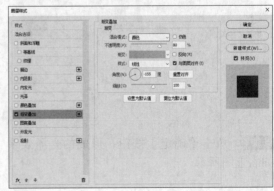

步骤 03 单击【确定】按钮，最终效果如下页图所示。

2.【渐变叠加】选项参数设置

（1）【混合模式】下拉列表：此下拉列表中的选项与【图层】面板中的混合模式类似。

（2）【不透明度】设置项：设定透明的程度。

（3）【渐变】设置项：使用此项功能可以对图像进行一些渐变设置，【反向】复选框表示将渐变的方向反转。

（4）【角度】设置项：利用此选项可以对图像产生的效果进行一些角度变化。

（5）【缩放】设置项：控制效果影响的范围，通过它可以调整产生效果的区域大小。

6.7.10　为图层内容套印图案混合效果

应用【图案叠加】选项，可以为图层内容套印图案混合效果。在原来的图像上加上一个图层图案的效果，根据图案颜色的深浅在图像上表现为雕刻效果的深浅。使用中要注意调整图案的不透明度，否则得到的图像可能只是一个放大的图案。为图像叠加图案的具体操作步骤如下。

步骤 01 打开"素材\ch06\17.psd"文件。

步骤 02 选择图层1，然后单击【添加图层样式】按钮 fx，在弹出的【添加图层样式】菜单中选择【图案叠加】选项。在弹出的【图层样式】对话框中为图像添加图案，并设置其

他参数。

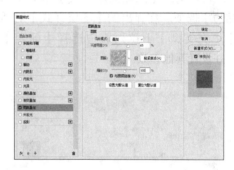

步骤 03 单击【确定】按钮，最终效果如下图所示。

6.7.11　为图标添加描边效果

应用【描边】选项可以为图层内容创建边线颜色，可以选择渐变或图案描边效果，这对轮廓分明的对象（如文字等）尤为适用。【描边】选项是用来给图像描上一个边框的。这个边框可以是一种颜色，也可以是渐变，还可以是另一个样式，可以在边框的下拉菜单中选择。

1. 为图标添加描边效果

步骤 01 打开"素材\ch06\18.psd"文件。

步骤 02 选择图层1，单击【添加图层样式】按钮，在弹出的【添加图层样式】菜单中选择【描边】选项。在弹出的【图层样式】对话框的【填充类型】下拉列表中选择【渐变】选项，并设置其他参数。

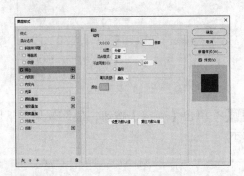

步骤 03 单击【确定】按钮，形成的描边效果如下图所示。

2.【描边】选项参数设置

（1）【大小】设置项：它的数值大小与边框的宽度成正比，数值越大图像的边框就越大。

（2）【位置】下拉列表：决定边框的位置，可以是外部、内部或者中心，这些模式是以图层不透明区域的边缘为相对位置的。【外部】表示描边时的边框在该区域的外边，默认的区域是图层中的不透明区域。

（3）【不透明度】设置项：控制制作边框的透明度。

（4）【填充类型】下拉列表：在下拉列表框中供选择的类型有颜色、图案和渐变3种，不同类型的窗口中选框的选项会不同。

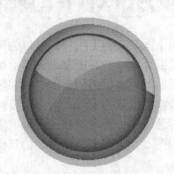

6.8 图层混合模式

在使用Photoshop 2020进行图像合成时，图层混合模式是使用最为频繁的技术之一，它通过控制当前图层和位于其下的图层之间的像素作用模式，可以使图像产生奇妙的效果。

Photoshop 2020提供了27种图层混合模式，这些模式全部位于【图层面板】左上角的【正常】下拉列表中。图层的混合模式决定当前图层的像素如何与图像中的下层像素进行混合。使用混合模式可以创建各种特殊的效果。

6.8.1 叠加模式效果

使用叠加模式创建图层混合效果的具体操作步骤如下。

步骤01 打开"素材\ch06\19.jpg"和"素材\ch06\20.jpg"文件。

步骤02 使用【移动工具】将"20.jpg"图片拖曳到"19.jpg"图片中，并调整大小。

步骤03 在图层混合模式框中选择【叠加】模式。

步骤 06 在图层混合模式框中选择【亮光】模式。

小提示

叠加模式：效果相当于图层同时使用正片叠底模式和滤色模式两种操作。在这个模式下背景图层颜色的深度将被加深，并且覆盖掉背景图层上浅颜色的部分。

小提示

亮光模式：通过增加或减小下面图层的对比度来加深或减淡图像的颜色，具体取决于混合色。如果混合色（光源）比50%灰色亮，则通过减小对比度使图像变亮；如果混合色比50%灰色暗，则通过增加对比度使图像变暗。

步骤 04 在图层混合模式框中选择【柔光】模式。

步骤 07 在图层混合模式框中选择【线性光】模式。

小提示

柔光模式：类似于将点光源发出的漫射光照到图像上。使用这种模式会在背景上形成一层淡淡的阴影，阴影的深浅与两个图层混合前颜色的深浅有关。

步骤 05 在图层混合模式框中选择【强光】模式。

小提示

线性光模式：通过减小或增加亮度来加深或减淡图像的颜色，具体取决于混合色。如果混合色（光源）比50%灰色亮，则通过增加亮度使图像变亮；如果混合色比50%灰色暗，则通过减小亮度使图像变暗。

步骤 08 在图层混合模式框中选择【点光】模式。

> ▌ **小提示**
>
> 点光模式：根据混合色的亮度来替换颜色。如果混合色（光源）比50%灰色亮，则替换比混合色暗的像素，而不改变比混合色亮的像素；如果混合色比50%灰色暗，则替换比混合色亮的像素，而不改变比混合色暗的像素。这对于向图像中添加特殊效果非常有用。

步骤 09 在图层混合模式框中选择【实色混合】模式。

> ▌ **小提示**
>
> 实色混合模式：将混合颜色的红色、绿色和蓝色通道值添加到基色的RGB值。如果通道的结果总和大于或等于255，则值为255；如果小于255，则值为0。因此，所有混合像素的红色、绿色和蓝色通道值或是0，或是255。这会将所有像素更改为原色：红色、绿色、蓝色、青色、黄色、洋红、白色或黑色。

6.8.2 差值与排除模式效果

使用差值与排除模式创建图层混合效果的具体操作步骤如下。

步骤 01 打开"素材\ch06\21.jpg"和"素材\ch06\22.jpg"文件。

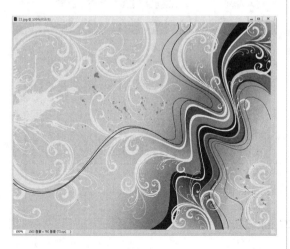

步骤 02 使用【移动工具】 将"21.jpg"图片拖曳到"22.jpg"图片中，并调整大小。

差值模式：将图层与背景层的颜色相互抵消，以产生一种新的颜色效果。

步骤 03 在图层混合模式框中选择【差值】模式。

步骤 04 在图层混合模式框中选择【排除】模式。

排除模式：使用这种模式会产生一种图像反相的效果。

6.8.3 颜色模式效果

使用颜色模式创建图层混合效果的具体操作步骤如下。

步骤 01 打开"素材\ch06\23.jpg"和"素材\ch06\24.jpg"文件。

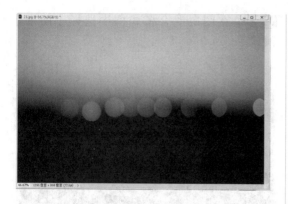

步骤02 使用【移动工具】⊕将 "23.jpg" 图片拖曳到 "24.jpg" 图片中。

步骤03 在图层混合模式框中选择【色相】模式。

> **小提示**
>
> 色相模式：该模式只对灰阶的图层有效，对彩色图层无效。

步骤04 在图层混合模式框中选择【饱和度】模式。

小提示

饱和度模式：当图层为浅色时，可得到该模式的最大效果。

步骤 05 在图层混合模式框中选择【颜色】模式。

小提示

颜色模式：用基色的亮度以及混合色的色相和饱和度创建结果色，这样可以保留图像中的灰阶，并且对于给单色图像上色和给彩色图像着色都非常有用。

步骤 06 在图层混合模式框中选择【明度】模式。

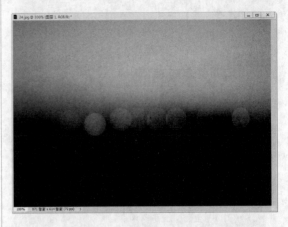

小提示

明度模式：用基色的色相和饱和度以及混合色的亮度创建结果色。此模式创建与颜色模式相反的效果。

6.9 综合实战——制作金属质感图标

本实例学习使用【形状工具】和【图层样式】命令制作一个具有金属质感的图标。

结果 \ch06\ 金属图标 .psd

1. 新建文件

步骤 01 选择【文件】➢【新建】命令，在弹出的【新建文档】对话框的【名称】文本框中输入"金属图标"，设置【宽度】为15cm，【高度】为15cm，【分辨率】为150像素/英寸，【颜色模式】为RGB颜色、8位，【背景内容】为白色。

步骤 02 单击【确定】按钮。

2. 绘制金属图标

步骤 01 新建图层1，选择【圆角矩形工具】 ▢，按住【Shift】键在画布上绘制出一个方形的圆角矩形，这里将圆角半径设置为50像素。

步骤 02 双击圆角矩形图层，为其添加渐变图层样式。渐变样式选择角度渐变。渐变颜色使用深灰与浅灰相互交替（浅灰色RGB：241,241,241；深灰色RGB：178,178,178），具体设置如下图所示。这是做金属样式的常用手法。

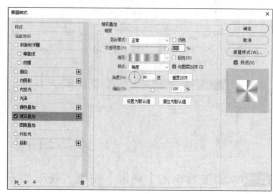

步骤 03 再添加描边样式，此处填充类型选择渐变，渐变颜色使用深灰到浅灰（浅灰色RGB：216,216,216；深灰色RGB：96,96,96），具体设置如下页图所示。

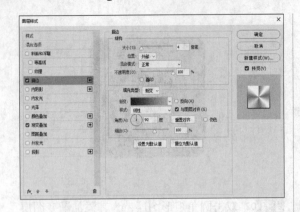

步骤02 双击图案图层，为其添加内阴影样式。

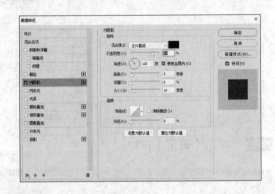

步骤03 继续添加描边样式。这里依然选择渐变描边，将默认的黑白渐变反向即可。

步骤04 添加后单击【确定】按钮，效果如下图所示。

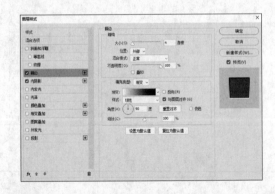

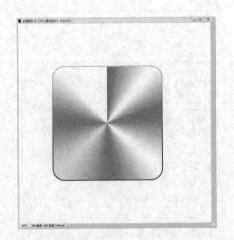

步骤04 单击【确定】按钮完成的效果如下图所示。

3. 添加图标图案

步骤01 新建图层2，选择钢笔工具，用【像素】模式选择形状，在圆角矩形中心绘制出内部图案图形。

高手支招

技巧1：用颜色标记图层

"用颜色标记图层"是一个很好的识别方法。在图层操作面板，用鼠标右键点击，选择相应的颜色进行标记即可。与图层名称相比，视觉编码更能引起人的注意。这种方法特别适合标记一些相同类型的图层。

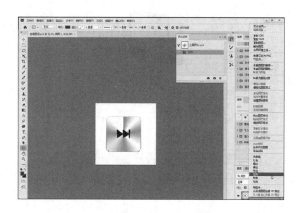

技巧2：快速导入自定义形状

自定义形状是Photoshop中较为常用的工具，可以通过预设的形状，如人物、花卉、树木等，不需要绘制，即可快速应用到绘图中。不过，Photoshop预设的自定义形状有限，用户可导入计算机本地的形状，方便绘图使用。下面介绍如何导入自定义形状。

步骤 01 在【工具】面板中选择【自定义形状工具】，在显示的选项栏中单击【形状】右侧的下拉按钮。然后在弹出面板中，单击右侧的【设置】按钮，此时选择显示的菜单列表中的【导入形状…】命令。

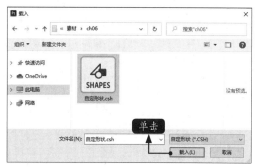

步骤 03 打开自定义形状列表，即可看到导入的"自定形状"，如下图所示。

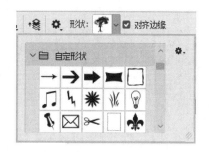

步骤 02 弹出【载入】对话框，选择"素材\ch06\自定形状.csh"文件，并单击【载入】按钮。

小提示

导入的形状，组名称会以导入的文件名称命名。为方便管理，用户可以提前修改好文件名称。

步骤 04 选择一种形状，即可拖曳鼠标进行绘制。

第 **7** 章

蒙版与通道的应用

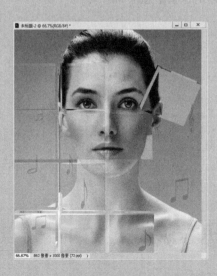

7.1 使用蒙版工具

下面学习蒙版的基本操作，主要包括新建蒙版、删除蒙版和停用蒙版等。

7.1.1 创建蒙版

单击【图层】面板下的【添加图层蒙版】按钮 ▣，可以添加一个【显示全部】的蒙版。其蒙版内为白色填充，表示图层内的像素信息全部显示。

也可以选择【图层】➤【图层蒙版】➤【显示全部】命令来完成此次操作。

选择【图层】➤【图层蒙版】➤【隐藏全部】命令，可以添加一个【隐藏全部】的蒙版。其蒙版内填充为黑色，表示图层内的像素信息全部隐藏。

7.1.2 删除蒙版与停用蒙版

删除蒙版与停用蒙版均有多种方法。

1. 删除蒙版

删除蒙版的方法有3种。

（1）选中图层蒙版，然后拖曳到【删除】按钮上则会弹出删除蒙版对话框。

单击【删除】按钮时，蒙版被删除；单击【应用】按钮时，蒙版被删除，但是蒙版效果会被保留在图层上；单击【取消】按钮时，将取消这次删除命令。

（2）选择【图层】➤【图层蒙版】➤【删除】命令可删除图层蒙版。

选择【图层】➤【图层蒙版】➤【应用】命令，蒙版将被删除，但是蒙版效果会被保留在图层上。

（3）选中图层蒙版，按住【Alt】键，然后单击【删除】按钮 🗑，可以将图层蒙版直接删除。

2. 停用蒙版

选择【图层】➤【图层蒙版】➤【停用】命令，蒙版缩览图上将出现红色叉号，表示蒙版被暂时停止使用。

7.2 使用蒙版抠图：创建图像剪影效果

 蒙版的图层称为蒙版层。通过调整蒙版可以对图层应用各种特殊效果，但不会实际影响该图层上的像素。应用蒙版可以使这些更改永久生效，或者删除蒙版而不应用更改。

矢量蒙版是由钢笔或者形状工具创建的与分辨率无关的蒙版，它通过路径和矢量形状来控制图像显示区域，常用来创建Logo、按钮、面板或其他的Web设计元素。

下来讲解使用矢量蒙版为图像抠图的方法。

步骤 01 打开"素材\ch07\1.psd"文件，选择【图层2】图层。

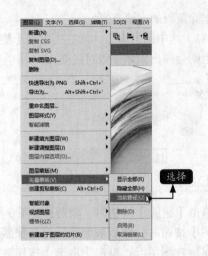

径区域外的图像即被蒙版遮盖。

步骤 02 选择钢笔工具绘制一个图形。

步骤 03 选择【图层】➤【矢量蒙版】➤【当前路径】命令，基于当前路径创建矢量蒙版，路

7.3 快速蒙版：快速创建选区

　　应用快速蒙版后，会创建一个暂时的图像上的屏蔽，同时也会在通道浮动窗中产生一个暂时的Alpha通道。它是对所选区域进行保护，让其免于被操作，而处于蒙版范围外的地方则可以进行编辑与处理。

1. 创建快速蒙版

步骤 01 打开"素材\ch07\2.jpg"文件，双击【背景】图层将其转换成普通图层。

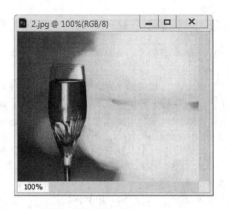

步骤 02 单击工具箱中的【以快速蒙版模式编辑】按钮 ◙，切换到快速蒙版状态。

步骤 03 选择【画笔工具】 ✎，将前景色设定为黑色，然后对酒杯旁边的区域进行涂抹。

步骤 04 逐渐涂抹，使蒙版覆盖整个要选择的图像。

步骤 05 再次单击工具箱中的【以快速蒙版模式编辑】按钮 ◙，关闭快速蒙版可以看到快速创建的酒杯选区。

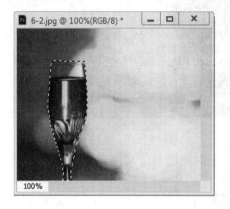

2. 快速应用蒙版

（1）修改蒙版。

将前景色设定为白色，用画笔修改可以擦除蒙版（添加选区）；将前景色设定为黑色，用画笔修改可以添加蒙版（删除选区）。

（2）修改蒙版选项。

双击【以快速蒙版模式编辑】按钮 ◙，弹出【快速蒙版选项】对话框，从中可以对快速蒙版的各种属性进行设定。

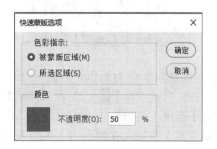

◢◢◢ **小提示**

　　【颜色】和【不透明度】设置都只影响蒙版的外观，对如何保护蒙版下的区域没有影响。更改这些设置能使蒙版与图像中的颜色对比更加鲜明，从而具有更好的可视性。

　　（1）被蒙版区域：可使被蒙版区域显示为50%的红色，使选中的区域显示为透明。用黑色绘画可以扩大被蒙版区域，用白色绘画可扩大选中区域。选中该单选项时，工具箱中的【以快速蒙版模式编辑】按钮显示为灰色背景上的白圆圈 。

　　（2）所选区域：可使被蒙版区域显示为透明，使选中区域显示为50%的红色。用白色绘画可以扩大被蒙版区域，用黑色绘画可以扩大选中区域。选中该单选项时，工具箱中的【以快速蒙版模式编辑】按钮显示为白色背景上的灰圆圈 。

　　（3）颜色：用于选取新的蒙版颜色，单击颜色框可选取新颜色。

　　（4）不透明度：用于更改不透明度，可在【不透明度】文本框中输入一个0～100的数值。

7.4 剪切蒙版：创建剪切图像

　　剪切蒙版是一种非常灵活的蒙版，它可以使用下层图层中图像的形状来限制上层图像的显示范围，因此可以通过一个图层来控制多个图层的显示区域。剪切蒙版的创建和修改方法都非常简单。

　　下面使用自定义形状工具制作剪切蒙版特效。

步骤 01 打开"素材\ch07\3.psd"文件。

步骤 02 设置前景色为黑色，新建一个图层，选择【自定形状工具】 ，并在属性栏上选择【像素】选项，再单击【点按可打开"自定形状"拾色器】按钮，在弹出的下拉列表中选择图形。

步骤 03 将新建的图层放到最上方，然后在画面中拖曳鼠标绘制该形状。

步骤 04 在【图层】面板上将新建的图层移至人物图层的下方。

步骤 05 选择人物图层，选择【图层】▶【创建剪切蒙版】命令，为其创建一个剪切蒙版。

7.5 图层蒙版：创建梦幻合成照片

Photoshop 2020中的蒙版是用于控制用户需要显示或者影响的图像区域，或者说是用于控制需要隐藏或不受影响的图像区域的。

　　蒙版是进行图像合成的重要手段，也是Photoshop 2020中极富魅力的功能之一，通过蒙版可以在不影响图像质量的基础上合成图像。图层蒙版是加在图层上的一个遮盖，通过创建图层蒙版来隐藏或显示图像中的部分或全部。

　　在图层蒙版中，纯白色区域可以遮罩下面图像中的内容，显示当前图层中的图像；蒙版中的纯黑色区域可以遮罩当前图层中的图像，显示出下面图层的内容；蒙版中的灰色区域会根据灰度值使当前图层中的图像呈现不同层次的透明效果。

如果要隐藏当前图层中的图像，可以使用黑色涂抹蒙版；如果要显示当前图层中图像，可以使用白色涂抹蒙版；如果要使当前图层中的图像呈现半透明效果，可以使用灰色涂抹蒙版。

下面通过讲解两张图片的拼合来讲解图层蒙版的使用方法。

步骤 01 打开"素材\ch07\4.jpg"和"素材\ch07\5.jpg"文件。

步骤 02 选择【移动工具】，将"5.jpg"拖曳到"4.jpg"文档中，新建【图层1】图层。

步骤 03 单击【图层】面板中的【添加图层蒙版】按钮，为【图层1】添加蒙版，选择【画笔工具】，设置画笔的大小和硬度。

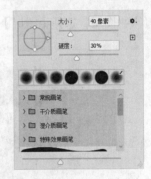

步骤 04 将前景色设为黑色，在画面上方进行涂抹。

步骤 05 设置【图层1】的【图层混合模式】为【叠加】，最终效果如下图所示。

7.6 使用通道

 　　在Photoshop 2020中，通道是图像文件的一种颜色数据信息存储形式，它与图像文件的颜色模式密切关联，多个分色通道叠加在一起可以组成一幅具有颜色层次的图像。如果用户只是简单地应用Photoshop来处理图片，有时可能用不到通道，但是有经验的用户却离不开通道。

　　在通道里，每一个通道都会以一种灰度的模式来存储颜色，其中白色代表有，黑色代表无。不同程度的灰度代表颜色的多少。越是偏白，就代表这种颜色在图像中越多；越是偏黑，就代表这种颜色在图像中越少。例如一个RGB模式的图像，它的每一个像素的颜色数据都是由红（R）、绿（G）、蓝（B）这3个通道来记录的，这3个色彩通道组合定义后合成了一个RGB主通道。

　　通道的另外一个常用功能就是用来存放和编辑选区，也就是Alpha通道的功能。在Photoshop中，当选取范围被保存后，就会自动成为一个蒙版保存在一个新增的通道中，该通道会自动被命名为Alpha。

　　通道要求的文件大小取决于通道中的像素信息。例如，如果图像没有Alpha通道，复制RGB图像中的一个颜色通道增加约1/3的文件大小，在CMYK图像中则增加约1/4。每个Alpha通道和专色通道也会增加文件大小。某些文件格式，包括TIFF格式和PSD格式，会压缩通道信息并节省磁盘的存储空间。当选择了【文档大小】命令时，窗口左下角的第二个值显示的是包括Alpha通道和图层的文件大小。通道可以存储选区，便于更精确地抠取图像。

同时，通道也用于印刷制版，即专色通道。

利用通道可以完成图像色彩的调整和特殊效果的制作，灵活地使用通道可以自由地调整图像的色彩信息，为印刷制版、制作分色片提供方便。

7.6.1 【通道】面板

在Photoshop 2020菜单栏选择【窗口】➤【通道】命令，即可打开【通道面板】。在面板中将根据图像文件的颜色模式显示通道数量。【通道】面板用于创建、保存和管理通道。打开一个RGB模式的图像，Photoshop会在【通道】面板中自动创建该图像的颜色信息通道，面板中包含了图像所有的通道，通道名称的左侧显示了通道内容的缩览图，在编辑通道时缩览图通常会自动更新。

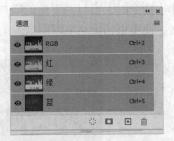

小提示

由于复合通道（即RGB通道）是由各原色通道组成的，因此在选中隐藏面板中的某一个原色通道时，复合通道将自动隐藏。如果选择显示复合通道，那么组成它的原色通道将自动显示。

1. 查看与隐藏通道

单击 ◉ 图标可以使通道在显示和隐藏之间切换，用于查看某一颜色在图像中的分布情况。例如在RGB模式下的图像，如果选择显示RGB通道，则红通道、绿通道和蓝通道都自动显示；如果选择其中任意原色通道，则其他通道会自动隐藏。

2. 通道缩略图调整

单击【通道】面板右上角的 ≣ 按钮，从弹出菜单中选择【面板选项】，打开【通道面板选项】对话框，从中可以设定通道缩略图的大小，以便对缩略图进行观察。

> **小提示**
>
> 若选择某一通道的快捷键（红通道：【Ctrl+3】，绿通道：【Ctrl+4】，蓝通道：【Ctrl+5】，复合通道：【Ctrl+2】），打开的通道将成为当前通道。在面板中按住【Shift】键并且单击某个通道，可以选择或者取消多个通道。

3. 通道的名称

通道的名称能帮助用户快速识别各种通道的颜色信息。各原色通道和复合通道的名称是不能改变的，Alpha通道的名称可以通过双击通道名称任意修改。

4. 将通道作为选区载入

单击 ○ 按钮，可以将通道中的图像内容转换为选区；按住【Ctrl】键单击通道缩览图，也可将通道作为选区载入。

5. 将选区存储为通道

如果当前图像中存在选区，通过单击 ▣ 按钮，可以将当前图像中的选区以图像方式存储在自动创建的Alpha通道中，以便修改和以后使用。在按住【Alt】键的同时单击 ▣ 按钮，可以新建一个通道并且为该通道设置参数。

6. 新建通道

单击 ⊞ 按钮即可在【通道面板】中创建一个新通道，按住【Alt】键并单击【新建】按钮 ⊞ 可以设置新建Alpha通道的参数。如果按住【Ctrl】键并单击 ⊞ 按钮，可以创建新的专色通道。

通过【创建新通道】按钮 ⊞ 创建的通道均为Alpha通道，颜色通道无法使用【创建新通道】按钮 ⊞ 创建。

> **小提示**
>
> 将颜色通道删除后会改变图像的色彩模式。例如，原色彩为RGB模式时，删除其中的红通道，剩余的通道为洋红和黄色通道，那么色彩模式将变化为多通道模式。

7. 删除通道

单击 🗑 按钮，可以删除当前编辑的通道。

7.6.2 颜色通道

在Photoshop 2020中颜色通道的作用非常重要，颜色通道用于保存和管理图像中的颜色信息，每幅图像都有自己单独的一套颜色通道，在打开新图像时会自动进行创建。图像的颜色模式决定创建颜色通道的数量。

颜色通道是在打开新图像时自动创建的通道，它们记录了图像的颜色信息。图像的颜色模式不同，颜色通道的数量也不相同。RGB图像中包含红、绿、蓝通道和一个用于编辑图像的复合通道，CMYK图像中包含青色、洋红、黄色、黑色通道和一个复合通道，Lab图像中包含明度、a通道、b通道和一个复合通道，位图、灰度、双色调和索引颜色图像中都只有一个通道。下图分别是不同的颜色通道。

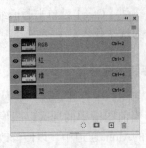 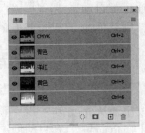 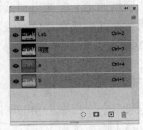

7.6.3 Alpha通道

在Photoshop 2020中Alpha通道有三种用途：一是用于保存选区；二是可以将选区存储为灰度图像，这样就能够用画笔，加深、减淡等工具以及各种滤镜，通过编辑Alpha通道来修改选区；三是可以从Alpha通道中载入选区。

在Alpha通道中，白色代表可以被选择的区域，黑色代表不能被选择的区域，灰色代表可以被部分选择区域（即羽化区域）。用白色涂抹Alpha通道可以扩大选区范围，用黑色涂抹则收缩选区，用灰色涂抹可以增加羽化范围。

Alpha通道是用来保存选区的，它可以将选区存储为灰度图像，用户可以通过添加Alpha通道来创建和存储蒙版，这些蒙版用于处理或保护图像的某些部分，Alpha通道与颜色通道不同，它不会直接影响图像的颜色。

在Alpha通道中，默认情况下，白色代表选区，黑色代表非选区，灰色代表被部分选择的区域状态，即羽化的区域。

新建Alpha通道有以下两种方法。

（1）如果在Photoshop 2020图像中创建了选区，单击【通道面板】中的【将选区存储为通道】按钮 ◻，可将选区保存在Alpha通道中，如下图所示。

（2）按【Alt】键的同时单击【新建】按钮，弹出【新建通道】对话框。

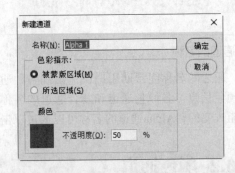

在【新建通道】对话框中可以对新建的通道命名，还可以调整色彩指示类型。各个选项的说明如下。

（1）【被蒙版区域】单选项：选择此项，新建的通道中。黑色的区域代表被蒙版的范围，白色区域则是选取的范围。下图为选中【被蒙版区域】单选项的情况下创建的Alpha通道。

（2）【所选区域】单选项：选择此项，可得到与上一选项刚好相反的结果，白色的区域表示被蒙版的范围，黑色的区域则代表选取的范围。下右图为选中【所选区域】单选项情况下创建的Alpha通道。

（3）【不透明度】设置框：用于设置颜色的透明程度。

单击【颜色】颜色框后，可以选择合适的色彩，这时蒙版颜色的选择对图像的编辑没有影响，它只是用于区别选区和非选区，使我们可以更方便地选取范围。【不透明度】的参数不影响图像的色彩，它只对蒙版起作用。【颜色】和【不透明度】参数的设定只是为了更好地区别选取范围和非选取范围，以便精确选取。

只有在同时选中当前的Alpha通道和另外一个通道的情况下才能看到蒙版的颜色。

7.6.4 专色通道

Photoshop 2020中专色通道用于存储印刷用的专色。专色是特殊的预混油墨，如金属金银色油墨、荧光油墨等，它们用于替代或补充普通的印刷色CMYK油墨。通常情况下，专色通道都是以专色的名称来命名的。

专色印刷是指采用黄、品红、青、黑四色墨以外的其他色油墨来复制原稿颜色的印刷工艺。当要将带有专色的图像印刷时，需要用专色通道来存储专色。每个专色通道都有属于自己的印板，在对一张含有专色通道的图像进行印刷输出时，专色通道会作为一个单独的页被打印出来。

要新建专色通道，可以从面板的下拉菜单中选择【新建专色通道】命令或者按住【Ctrl】键并单击⊞按钮，在弹出的【新建专色通道】对话框中设定参数后单击【确定】按钮。

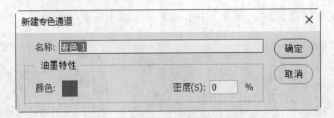

（1）【名称】文本框：可以给新建的专色通道命名。默认情况下将自动命名为专色1、专色2等。在【油墨特性】选项组中可以设定颜色和密度。

（2）【颜色】设置项：用于设定专色通道的颜色。

（3）【密度】参数框：可以设定专色通道的密度，范围为0%～100%。这个选项的功能对实际的打印效果没有影响，只是在编辑图像时可以模拟打印的效果。这个选项类似于蒙版颜色的透明度。

选择专色通道后，可以用绘画或编辑工具在图像中绘画，从而编辑专色。用黑色绘画可添加更多不透明度为100%的专色，用灰色绘画可添加不透明度较低的专色，用白色涂抹的区域无专色。绘画或编辑工具选项中的"不透明度"选项，决定了用于打印输出的实际油膜浓度。

7.7 分离通道

为了便于编辑图像，在Photoshop 2020中有时需要将一个图像文件的各个通道分开，使其成为拥有独立文档窗口和通道面板的文件，用户可以根据需要对各个通道文件进行编辑，编辑完成后，再将通道文件合成到一个图像文件中，这即是通道的分离和合并。

选择【通道】面板菜单中的【分离通道】命令，可以将通道分离成为单独的灰度图像，其标题栏中的文件名为原文件的名称加上该通道名称的缩写，而原文件则被关闭。当需要在不能保留通道的文件格式中保留单个通道信息时，分离通道是非常有用的。

分离通道后主通道会自动消失，例如RGB模式的图像分离通道后只得到R、G和B3个通道。分离后的通道相互独立，被置于不同的文档窗口中，但是它们共存于一个文档，可以分别进行修改和编辑。在制作出满意的效果后还可以再将通道合并。

分离通道的具体方法如下。

步骤 01 打开"素材\ch07\6.jpg"文件，在Photoshop 2020的【通道】面板查看图像文件的通道信息。

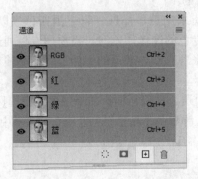

步骤 02 单击【通道】面板右上角的 ≡ 按钮，在弹出的下拉菜单中选择【分离通道】命令。

步骤 03 选择【分离通道】命令后，图像将分为3 个重叠的灰色图像窗口。下图所示为分离通道后的各个通道。

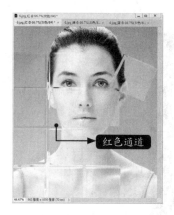 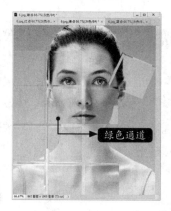 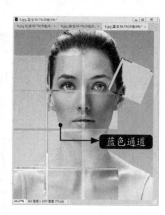

红色通道　　　　绿色通道　　　　蓝色通道

步骤 04 分离通道后的【通道】面板如下图所示。

7.8 合并通道

　　在完成对各个原色通道的编辑之后，还可以合并通道。在选择【合并通道】命令时会弹出【合并通道】对话框。

步骤 01 打开7.7节中分离的通道文件。

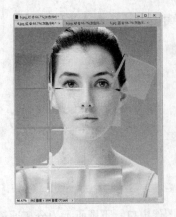
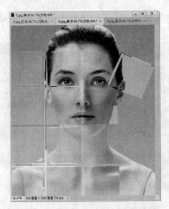

步骤02 打开"素材\ch07\11.psd"文件，选择【移动工具】，将"11.psd"拖曳到"6.jpg"文档中，调整大小及位置并合并图层，如下图所示。

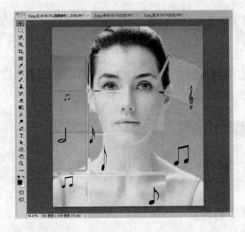

步骤03 单击【通道】面板右侧的 ≡ 按钮，在弹出的下拉菜单中选择【合并通道】命令，弹出【合并通道】对话框。在【模式】下拉列表中选择【RGB颜色】，单击【确定】按钮。

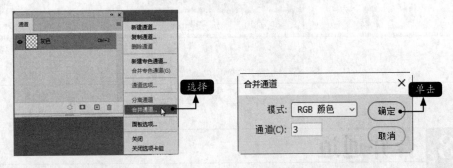

步骤04 在弹出的【合并RGB通道】对话框中，分别进行下图所示设置。

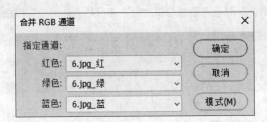

步骤 05 单击【确定】按钮，将它们合并成一个RGB图像，最终效果如下图所示。

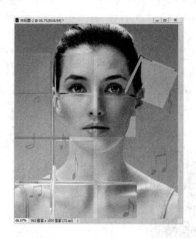

7.9 应用图像

【应用图像】命令可以将图像的图层和通道（源）与现用图像（目标）的图层和通道混合。通道在Photoshop中是一个极有表现力的平台，通道计算实际上就是通道的混合，通过通道的混合可以制作出一些特殊的效果。

如果两个图像的颜色模式不同（如一个图像是RGB，另一个图像是 CMYK），则可以在图像之间将单个通道复制到其他通道，但不能将复合通道复制到其他图像中的复合通道。

【应用图像】命令可以将图像的图层和通道（源）与现用图像（目标）的图层和通道混合。打开源图像和目标图像，并在目标图像中选择所需图层和通道。图像的像素尺寸必须与【应用图像】对话框中出现的图像名称匹配。

使用【应用图像】命令调整图像的操作步骤如下。

步骤 01 打开"素材\ch07\7.jpg"文件。

步骤 02 选择【窗口】▶【通道】命令打开【通

道】面板，单击【通道】面板下方的【新建】按钮 ⊡，新建【Alpha 1】通道。

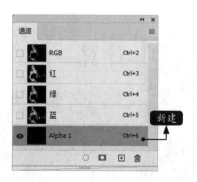

步骤 03 使用自定义形状工具绘制图形，如这里选择如下图形，在【Alpha 1】通道中绘制，并填充为白色。

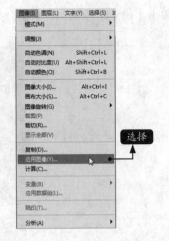

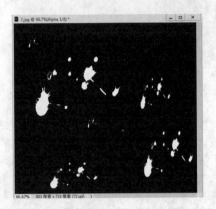

步骤 04 选择RGB通道，并取消勾选【Alpha 1】通道，然后选择RGB、红、绿及蓝四个通道。

步骤 06 单击【确定】按钮，得到下图所示的效果。

步骤 05 选择【图像】▶【应用图像】命令，在弹出的【应用图像】对话框中设置通道为"Alpha 1"，混合设置为"叠加"。

7.10 计算

【计算】命令用于混合两个来自一个或多个源图像的单个通道，然后将结果应用到新图像或新通道中。

下面通过使用【计算】命令制作玄妙色彩图像。

步骤 01 打开"素材\ch07\8.jpg"文件。

步骤 02 选择【图像】➤【计算】命令。

步骤 03 在打开的【计算】对话框中设置相应的参数。

步骤 04 单击【确定】按钮，新建一个【Alpha 1】通道。

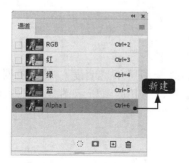

步骤 05 选择【绿】通道，然后按住【Ctrl】键单击【Alpha 1】通道的缩略图，得到选区。

步骤 06 设置前景色为白色，按【Alt+Delete】组合键填充选区，然后按【Ctrl+D】组合键取消选区。

步骤 07 选中RGB通道查看效果，并保存文件。

7.11 综合实战——为照片制作泛白lomo风格

本实例学习如何快速地为照片制作泛白lomo风格效果。

步骤 01 打开"素材\ch07\9.jpg"文件。

步骤 02 选择【图像】➤【调整】➤【色彩平衡】命令。在【色彩平衡】对话框中设置【色阶】为"–100，–35，+25"后，单击【确定】按钮。

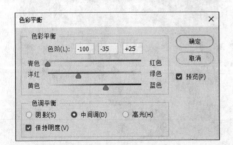

得到下图所示效果。

步骤 03 按【F7】键显示【图层】面板，新建一个新的透明图层。

步骤 04 选择【渐变工具】➤【径向渐变】，选择前景到透明，颜色为白色。图片中人像的一条渐变线是编辑选择渐变的范围，可以按需要适当调整。

步骤 05 改变图层不透明度。可以根据效果调整不透明度，下页图所示图片的不透明度为"70%"。

完成图像的调整，最终效果如下图所示。

 高手支招

技巧1：如何在通道中改变图像的色彩

　　除可以用【图像】中的【调整】命令以外，还可以使用通道来改变图像的色彩。原色通道中存储着图像的颜色信息。图像色彩调整命令主要是通过对通道的调整来起作用的，其原理就是通过改变不同色彩模式下原色通道的明暗分布来调整图像的色彩。

　　利用颜色通道调整图像色彩的操作步骤如下。

步骤 01 打开"素材\ch07\10.jpg"文件。

步骤 02 选择【窗口】▶【通道】命令，选择"蓝"通道。

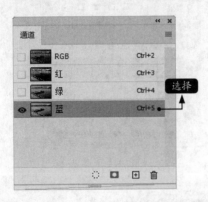

步骤 03 选择【图像】▶【调整】▶【色阶】命令，打开【色阶】对话框，设置其中的参数。

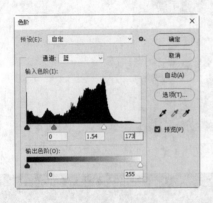

步骤 04 单击【确定】按钮，选择【RGB】通道即可看到调整图像色彩的效果。

技巧2：唯美人像色彩调色技巧

一般而言，服装的色彩要有主色，与主色

相配合的色彩2~3种就可以达到理想效果，太过繁琐复杂的色彩会干扰欣赏者的观赏体验，造成混乱的视觉感受。

一些需要规避的色彩，并不是绝对的禁区。唯美人像摄影有多种多样的风格，这里所说的规避只是就一般情况而言的，配合不同的主题与风格，看似禁忌色彩的服装，同样可拍出精彩的作品。同时，这里所说的色彩，是指在服装上占到绝对主体的大面积色彩。

举例如下。

黑色——可以表达硬朗、肃穆、紧张、酷的感觉。但就整体而言，在自然场景的拍摄中，黑色是相当沉寂的颜色，需要环境有很鲜艳的色彩进行搭配和衬托，如红色、金色才能显示出沉稳、高雅、奢华的效果。这样色彩的环境难以寻找，局限性非常大。在色彩稍显昏暗单调的环境下，这个色彩会极大地降低画面的影调效果，表现出枯燥、暗淡、无生气的效果。同时，黑色在影像的后期处理中，几乎是没有调节余地的色彩，也极大地限制了后期的调整空间。

紫色——尊贵的颜色，搭配黑、白、灰、黄等色彩效果不错。但它是最难搭配的颜色，色彩靓丽的环境中，容易显得很媚俗，非常不好把握。

灰色——具有柔和、高雅的意象，属于中间性格。在实际拍摄过程中，大面积灰色的服装易产生素、沉闷、呆板、僵硬的感觉。如果是在色彩灰暗的场景中，更容易加重这一体验。

数码相机只是忠实地拍摄画面、尽量多地记录镜头信息，但它并不知道哪些是需要，哪些是不需要的。这就需要在后期处理过程中，按照自己需求进行甄别，强化需要的，让隐藏的显现出来。

第 **8** 章

矢量工具和路径

学习目标

　　本章主要介绍如何使用路径面板和矢量工具，并以简单实例进行详细演示。学习本章时应多多尝试在实例操作中的应用，这样可以加强学习效果。

学习效果

8.1 使用路径面板

选择【窗口】➤【路径】命令，打开【路径】面板，其主要作用是对已经建立的路径进行管理和编辑处理。针对路径面板的特点，本节主要讲解路径面板中建立新的路径、将路径转换为选区、将选区转换为路径、存储路径、用画笔描边路径以及用前景色填充路径等操作技巧。

8.1.1 形状图层

【形状】图层中包含位图、矢量图两种元素，因此使得Photoshop软件在绘画时，可以以某种矢量形式保存图像。使用形状工具或钢笔工具可以创建形状图层。形状中会自动填充当前的前景色，但也可以更改为其他颜色、渐变或图案来填充。形状的轮廓存储在链接图层的矢量蒙版中。

单击【自定形状工具】图标🎨，在显示的工具选项栏中打开【选择工具模式】下拉列表，选择【形状】选项 形状▼ 后，可在单独的形状图层中创建形状。形状图层由填充区域和形状两部分组成。填充区域定义了形状的颜色、图案和图层的不透明度；形状则是一个矢量蒙版，定义图像显示和隐藏区域。形状是路径，它出现在【路径】面板中。

8.1.2 工作路径

Photoshop 2020建立工作路径的方法是：使用工具箱中的钢笔等路径工具直接在图像中绘制路径的时候，Photoshop 2020会在路径面板中自动将其命名为"工作路径"，而且"工作路径"这四个字是以倾斜体显示的。【路径】面板显示了存储的路径、当前工作路径与当前矢量蒙版的名称和缩览图像。减小缩览图的大小或将其关闭，可在路径面板中列出更多路径，而关闭缩览图可提高性能。要查看路径，必须先在路径面板中选择路径名。

打开工具选项栏中的【选择工具模式】下拉列表，选择【路径】选项 路径▼ 后，可绘制工作路径，它出现在【路径】面板中，创建工作路径后，可以使用它来创建选区、创建矢量蒙版，或者对路径进行填充和描边，从而得到光栅化的图像。在通过绘制路径选取对象时，需要选择【路径】选项 路径▼ 。

8.1.3 填充区域

Photoshop 2020在填充区域创建的是位图图形，打开工具选项栏中的【选择工具模式】下拉列表，选择【像素】选项 像素 后，绘制的将是光栅化的图像，而不是矢量图形。在创建填充区域时Photoshop使用前景色作为填充颜色，此时【路径】面板中不会创建工作路径，在【图层】面板中可以创建光栅化图像，但不会创建形状图层，该选项不能用于钢笔工具，只有使用各种形状工具（矩形工具、椭圆工具、自定形状等工具）时才能使用该按钮。

8.1.4 路径与锚点

钢笔工具属于矢量绘图工具，其优点是可以勾画平滑的曲线，绘制出的图形在缩放或者变形之后仍能保持平滑效果。

钢笔工具画出来的矢量图形称为路径。路径是矢量的，允许是不封闭的开放状态，如果把起点与终点重合绘制就可以得到封闭的路径。

路径可以转换为选区，也可以进行填充或者描边。

1. 路径的特点

路径是不包含像素的矢量对象，与图像是分开的，并且不会被打印出来，因而也更易于重新选择、修改和移动。修改路径后不影响图像效果。

2. 路径的组成

路径由一个或多个曲线段、直线段、方向点、锚点和方向线构成。

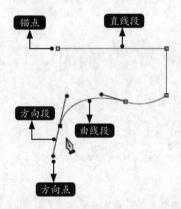

8.1.5 填充路径

单击【路径】面板上的【用前景色填充路径】按钮 ●，可以用前景色对路径进行填充。

1. 用前景色填充路径

步骤 01 新建一个8厘米×8厘米的图像，选择【自定形状工具】 ❀ 绘制任意一个路径。

选择【窗口】➤【路径】命令，打开【路径】面板，其主要作用是对已经建立的路径进行管理和编辑处理。在【路径】面板中可以对路径快速而方便地进行管理。【路径】面板可以说是集编辑路径和渲染路径的功能于一身。在这个面板中可以完成从路径到选区和从自由选区到路径的转换，还可以对路径施加一些效果，使得路径看起来不那么单调。【路径】面板如下图所示。

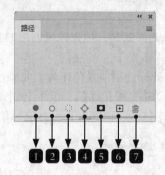

（1）用前景色填充路径：使用前景色填充路径区域。

（2）用画笔描边路径：使用画笔工具描边路径。

（3）将路径作为选区载入：将当前的路径转换为选区。

（4）从选区生成工作路径：从当前的选区中生成工作路径。

（5）添加蒙版：为当前选中的图层添加图层蒙版。

（6）创建新路径：可创建新的路径。

（7）删除当前路径：可删除当前选择的路径。

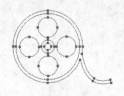

步骤02 在【路径】面板中单击【用前景色填充路径】按钮 ● 填充前景色。

2. 使用技巧

按【Alt】键的同时单击【用前景色填充路径】按钮 ●，可弹出【填充路径】对话框，在该对话框中可设置填充的内容、混合模式及渲染的方式。设置完成之后，单击【确定】按钮即可对路径进行填充。

8.1.6 描边路径

单击【用画笔描边路径】按钮，可以实现对路径的描边。

1. 用画笔描边路径

步骤01 新建一个8厘米×8厘米的图像，选择【自定形状工具】 绘制任意一个路径。

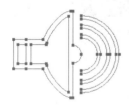

步骤02 在路径面板中单击【用画笔描边路径】按钮 ○ 填充路径。

2.【用画笔描边路径】使用技巧

用画笔描边路径的效果与画笔的设置有关，所以要对描边进行控制就需先对画笔进行相关设置（如画笔的大小和硬度等）。按【Alt】键的同时单击【用画笔描边路径】按钮 ○，弹出【描边路径】对话框，设置完描边的方式后，单击【确定】按钮即可对路径进行描边。

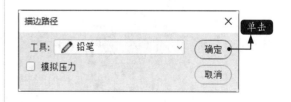

8.1.7 路径和选区的转换

　　路径转化为选区命令在工作中的使用频率很高，因为在图像文件中任何局部的操作都必须在选区范围内完成，所以一旦获得了准确的路径形状后，一般情况下要将路径转换为选区。单击【将路径作为选区载入】按钮，可以将路径转换为选区进行操作，也可以按【Ctrl+Enter】组合键完成这一操作。

　　将路径转化为选区的操作步骤如下。

步骤 01 打开"素材\ch08\1.jpg"文件，选择【魔棒工具】，并在杯子以外的白色区域创建选区。

步骤 02 按【Ctrl+Shift+I】组合键反选选区，在【路径】面板上单击【从选区生成工作路径】按钮，将选区转换为路径。

步骤 03 单击【将路径作为选区载入】按钮，将路径载入为选区。

8.1.8 工作路径

对于工作路径，也可以控制显示与隐藏。

步骤 01 在【路径】面板中单击路径预览图，路径将以高亮显示。

步骤 02 如果在面板中的灰色区域单击，路径将变为灰色，这时路径将被隐藏。

步骤 03 工作路径是出现在【路径】面板中的临时路径，用于定义形状的轮廓。用钢笔工具在画布中直接创建的路径及由选区转换的路径都是工作路径。

步骤 04 当工作路径被隐藏时可使用钢笔工具直接创建路径，那么原来的路径将被新路径代替。双击工作路径的名称将弹出【存储路径】对话框，可以实现对工作路径重命名并保存。

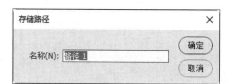

8.1.9 创建新路径和删除当前路径

步骤01 单击【创建新路径】按钮 ⊞ 后，使用钢笔工具建立路径，路径将被保存。

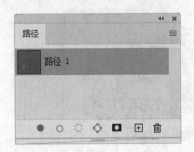

步骤02 在按住【Alt】键的同时单击 ⊞ 按钮，弹出【新建路径】对话框，可以为生成的路径重命名。

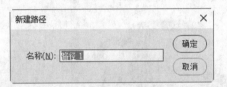

步骤03 在按住【Alt】键的同时，若将已存在

的路径拖曳到【创建新路径】按钮 ⊞ 上，则可实现对路径的复制并得到该路径的副本。

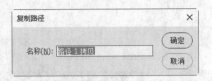

步骤04 将已存在的路径拖曳到【删除当前路径】按钮 🗑 上则可将该路径删除。也可以选中路径后使用【Delete】键将路径删除，按住【Alt】键的同时再单击【删除当前路径】按钮可将路径直接删除。

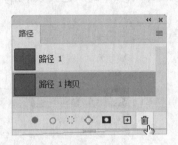

8.1.10 剪贴路径

　　如果要将Photoshop中的图像输出到专业的页面排版程序，如InDesign、PageMaker等软件时，可以通过剪贴路径来定义图像的显示区域。在输出到这些程序中以后，剪贴路径以外的区域将变为透明区域。下面讲解剪贴路径的输出方法。

步骤01 打开"素材\ch08\2.jpg"文件。

围创建路径。

步骤02 选择【钢笔工具】 🖊，在气球图像周

步骤03 在【路径】面板中，双击【工作路径】，在弹出的【存储路径】对话框中输入路

径的名称，然后单击【确定】按钮。

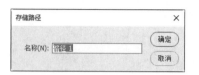

步骤 04 单击【路径】面板右上角的小三角按钮，选择【剪贴路径】命令。

步骤 05 在弹出的【剪贴路径】对话框中设置路径的名称和展平度（定义路径由多少个直线片段组成），然后单击【确定】按钮。

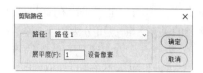

步骤 06 选择【文件】▶【存储】命令，在弹出的【另存为】对话框中设置文件的名称、保存的位置和文件存储格式，然后单击【保存】按钮。

8.2 使用矢量工具

 矢量工具包括矩形工具、圆角矩形工具、椭圆工具、多边形工具、直线工具、自定义形状工具。

　　这些工具绘出的图形都有个特点，就是放大图像后或任意拉大后，图形都不会模糊，边缘非常清晰。而且这些图形保存后占用的空间非常小。这就是矢量图形的优点。使用Photoshop 2020中的矢量工具可以创建不同类型的对象，主要包括形状图层、工作路径和填充像素。选择矢量工具后，在工具的选项栏上按下相应的按钮指定一种绘制模式，然后才能进行操作。

8.2.1 锚点

锚点又称定位点，它的两端会连接直线或曲线。锚点数量越少越好，较多的锚点使可控制的范围也更广。但问题也正是出在这里，因为锚点多，可能使得后期修改的工作量也大。由于控制柄和路径的关系，锚点可分为以下3种不同性质的锚点。

（1）平滑点：方向线是一体的锚点。

（2）角点：没有公共切线的锚点。

（3）拐点：控制柄独立的锚点。

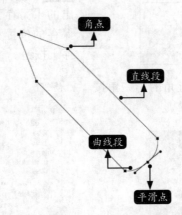

8.2.2 使用形状工具

使用形状工具，可以轻松地创建按钮、导航栏以及其他在网页上使用的项目。使用形状工具可以方便地绘制出许多特定的形状，还可以通过形状的运算及自定义形状让形状更加丰富。绘制形状的工具有【矩形工具】【圆角矩形工具】【椭圆工具】【多边形工具】【直线工具】及【自定形状工具】等。

1. 绘制规则形状

Photoshop 2020提供了5种绘制规则形状的工具，它们是【矩形工具】【圆角矩形工具】【椭圆工具】【多边形工具】和【直线工具】。

（1）绘制矩形。

使用【矩形工具】■可以很方便地绘制出长方形或正方形路径。

选中【矩形工具】■，然后在画布上单击并拖曳鼠标即可绘制出所需要的矩形。若在拖曳鼠标时按住【Shift】键，则可绘制出正方形。

矩形工具的属性栏如下。

单击✿按钮会出现矩形工具选项菜单，其中包括【不受约束】单选按钮、【方形】单选按钮、【固定大小】单选按钮、【比例】单选按钮、【从中心】复选框等。

【不受约束】单选按钮：选中此单选按钮，由鼠标的拖曳可绘制任意大小和比例的矩形。

【方形】单选按钮：选中此单选按钮，绘制正方形。

【固定大小】单选按钮：选中此单选按钮，可以在【W：】参数框和【H：】参数框中输入所需的宽度和高度的值后绘制出固定值的矩形，默认单位为像素。

【比例】单选按钮：选中此单选按钮，可以在【W：】参数框和【H：】参数框中输入所需的宽度和高度的整数比，绘制固定宽度和高度比例的矩形。

【从中心】复选框：选中此复选框，绘制矩形起点为矩形的中心。

绘制完矩形后，右侧会出现【属性】面板，在其中可以分别设置矩形4个角的圆角值。

（2）绘制圆角矩形。

使用【圆角矩形工具】可以绘制具有平滑边缘的矩形，其使用方法与【矩形工具】相同，只需用鼠标在画布上拖曳即可。

【圆角矩形工具】的选项栏与【矩形工具】的相同，只是多了【半径】参数框一项。

【半径】参数框用于控制圆角矩形的平滑程度。输入的数值越大越平滑，输入0时为矩形，有一定数值时则为圆角矩形。

（3）绘制椭圆。

使用【椭圆工具】可以绘制椭圆，按住【Shift】键可以绘制圆。【椭圆工具】选项栏的用法和前面介绍的选项栏基本相同，这里不再赘述。

（4）绘制多边形。

使用【多边形工具】可以绘制出所需的正多边形。绘制时鼠标指针的起点为多边形的中心，终点为多边形的一个顶点。

【多边形工具】的选项栏如下图所示。

【边】参数框：用于输入所需绘制多边形的边数。

单击选项栏中的按钮，可打开【路径选项】设置框。

其中包括【半径】【平滑拐角】【星形】【缩进边依据】和【平滑缩进】等选项。

【半径】参数框：用于输入多边形半径的长度，单位为像素。

【平滑拐角】复选框：选中此复选框，可使多边形具有平滑的顶角。多边形的边数越多越接近圆形。

【星形】复选框：选中此复选框，可使多边形的边向中心缩进呈星状。

【缩进边依据】设置框：用于设定边缩进的程度。

【平滑缩进】复选框：只有选中【星形】复选框时此复选框才可选。选中【平滑缩进】复选框，可使多边形的边平滑地向中心缩进。

（5）绘制直线。

使用【直线工具】可以绘制直线或带有箭头的线段。

使用的方法是：以鼠标指针拖曳的起始点为线段起点，拖曳的终点为线段终点。按住【Shift】键可以将直线控制在0°、45°或90°方向。

【直线工具】的选项栏如下图所示。其中【粗细】参数框用于设定直线的宽度。

单击选项栏中的 ⚙ 按钮可弹出【箭头】设置区，包括【起点】【终点】【宽度】【长度】和【凹度】等项。

【起点】和【终点】复选框：两者可选一个，也可都选，用以决定箭头在线段的哪一方。

【宽度】参数框：用于设置箭头宽度和线段宽度的比值，可输入10% ~ 1000%之间的数值。

【长度】参数框：用于设置箭头长度和线段宽度的比值，可输入10% ~ 5000%之间的数值。

【凹度】参数框：用于设置箭头中央凹陷的程度，可输入-50% ~ 50%之间的数值。

（6）使用形状工具绘制播放器图形。

步骤01 新建一个15厘米×15厘米的图像。

步骤02 选择【圆角矩形工具】 □，在选项栏中单击【像素】 □ 按钮。设置前景色为黑色，圆角半径为20像素，绘制一个圆角矩形作为播放器轮廓图形。

步骤03 使用【矩形工具】 ▢，新建一个图层，设置前景色为白色，绘制一个矩形作为播放器屏幕图形。

步骤 04 新建一个图层，设置前景色为白色，使用【椭圆工具】 绘制一个圆形作为播放器按钮图形。

步骤 05 新建一个图层，设置前景色为黑色，再次使用【椭圆工具】 绘制一个圆形作为播放器按钮内部图形。

步骤 06 新建一个图层，设置前景色为黑色，使用【多边形工具】 和【直线工具】 绘制按钮内部符号图形，多边形的【边】设置为3。

2. 绘制不规则形状

使用【自定形状工具】 可以绘制一些特殊的形状、路径以及像素等。绘制的形状可以自己定义，也可以从形状库里选择。

（1）【自定形状工具】的选项栏参数设置。

【形状】设置项用于选择所需绘制的形状。单击 形状: 右侧的小三角按钮会出现形状面板，这里存储着可供选择的形状。

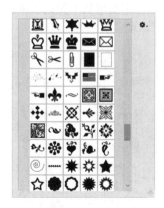

（2）使用【自定形状工具】绘制图画。

步骤 01 新建一个15厘米×15厘米的图像，填充黑色。

步骤 02 新建一个图层。选择【圆角矩形工具】 ，在选项栏中单击【形状】。设置前景色为白色，圆角半径为20像素，绘制一个圆角矩形作为纸牌轮廓图形。

步骤 03 再新建一个图层。选择【自定形状工具】，在自定义形状下拉列表中选择【红心形卡】图形。设置前景色为红色。

步骤 04 在图像上单击鼠标，并拖曳鼠标绘制一个自定义形状，多次单击并拖曳鼠标可以绘制

出大小不同的形状。

步骤 05 使用【横排文字工具】输入文字"A"完成绘制。

3. 自定义形状

Photoshop 2020不仅可以使用预置的形状，而且可以把自己绘制的形状定义为自定义形状，以便于以后使用。

自定义形状的操作步骤如下。

步骤 01 选择钢笔工具绘制出喜欢的图形。

步骤 02 选择【编辑】➤【定义自定形状】命

令，在弹出的【形状名称】对话框中输入自定义形状的名称，然后单击【确定】按钮。

步骤 03 选择【自定形状工具】 ，然后在选项中找到自定义的形状。

8.2.3 钢笔工具

钢笔工具组是描绘路径的常用工具，而路径是Photoshop 2020提供的一种最精确、最灵活的绘制选区边界工具，特别是其中的钢笔工具，使用它可以直接产生线段路径和曲线路径。【钢笔工具】 可以创建精确的直线和曲线，在Photoshop中主要有两种用途：一是绘制矢量图形，二是选取对象。在作为选取工具使用时，钢笔工具描绘的轮廓光滑、准确，是最为精确的选取工具之一。

1. 钢笔工具使用技巧

（1）绘制直线：分别在两个不同的地方单击就可以绘制直线。

（2）绘制曲线：单击鼠标绘制出第一点，然后单击并拖曳鼠标绘制出第二点，这样就可以绘制曲线并使锚点两端出现方向线。方向点的位置及方向线的长短会影响到曲线的方向和曲度。

（3）在曲线之后接直线：绘制出曲线后，若要在之后接着绘制直线，则需要按【Alt】键暂时切换为转换点工具，然后在最后一个锚点上单击使控制线只保留一段，再松开【Alt】键在新的地方单击另一点即可。

选择钢笔工具，然后单击选项栏中的 按钮，可以弹出【钢笔选项】设置框。从中选中【橡皮带】复选框 橡皮带，则可在绘制时直观地看到下一节点之间的轨迹。

2. 使用钢笔工具绘制一节电池

步骤 01 新建一个15厘米×15厘米的图像。

步骤 02 选择【钢笔工具】 ，并在选项栏中按下【路径】，在画面确定一个点开始绘制电池，绘制出电池下面的部分。

步骤 03 继续绘制电池上面的部分，最终效果如下图所示。

3. 自由钢笔工具

【自由钢笔工具】 可随意绘图，就像用铅笔在纸上绘图一样，绘图时将自由添加锚点，绘制路径时无须确定锚点位置；用于绘制不规则路径，其工作原理与磁性套索工具相同，它们的区别在于前者建立的是选区，后者建立的是路径。选择该工具后，在画面单击并拖曳鼠标即可绘制路径，路径的形状为鼠标指针运动的轨迹，Photoshop会自动为路径添加锚点，因而无须设定锚点的位置。

4. 添加锚点工具

【添加锚点工具】 可以在路径上添加锚点。选择该工具后，将鼠标指针移至路径上，待鼠标指针显示为 状时，单击鼠标可添加一个角点，如下图所示。

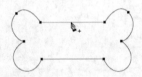

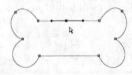

如果单击并拖曳鼠标，则可添加一个平滑点，如下图所示。

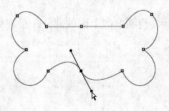

5. 删除锚点

使用【删除锚点工具】 可以删除路径上

的锚点。选择该工具后，将鼠标指针移至路径锚点上，待鼠标指针变换为 状时，单击鼠标可以删除该锚点。

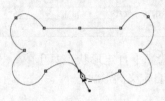

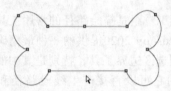

6. 转换点工具

【转换点工具】 用来转换锚点类型，它可将角点转化为平滑点，也可将平滑点转换为角点。选择该工具后，将鼠标指针移至路径的锚点上，如果该锚点是平滑点，单击该锚点可以将其转化为角点，如下图所示。

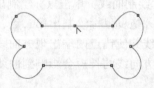

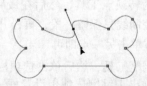

小提示

如果该锚点是角点，单击该锚点可以将其转化为平滑点。

8.3 综合实战——手绘智能手表

本实例学习使用【圆角矩形工具】和【钢笔工具】等来绘制一个精美的智能手表。

素材\ch08\3.jpg   结果\ch08\手表.psd

1. 新建文件

步骤 01 选择【文件】➤【新建】命令，在弹出的【新建】对话框的【名称】文本框中输入"手表"，宽度为800像素，高度为1 200像素，分辨率为72像素/英寸。

步骤 02 单击【确定】按钮，创建一个空白文档。

2. 绘制正面

步骤 01 在【图层】面板中单击【创建新图层】按钮 ⊞，新建【图层1】图层。

步骤 02 选择【圆角矩形工具】 ▢ ，在选项栏中选择【形状】选项，填充设置为"无"，设置半径为"45像素"。然后单击 ⚙ 按钮，在打开的【路径选项】设置框中，选择【固定大小】单选项，并设置【W】为"12厘米"、【H】为"14厘米"。

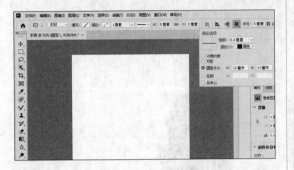

步骤 03 设置前景色为白色，用鼠标在画面中单击绘制一个白色圆角矩形。

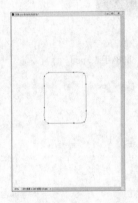

步骤 04 由于背景也是白色，看不出绘制的矩形，所以为【图层1】添加【投影】图层样式，具体参数设置如下图所示，设置完成后，单击【确定】按钮。

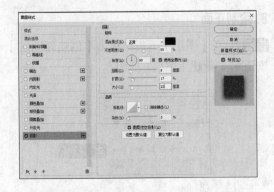

此时即可绘制出投影效果，如右上图所示。

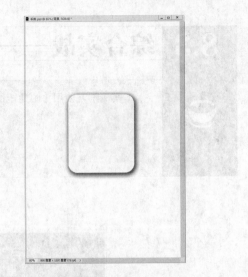

步骤 05 在【图层】面板中单击【创建新图层】按钮 ⊞ ，新建图层，如下图所示。

步骤 06 选择【圆角矩形工具】 ▢ ，在选项栏中选择【形状】选项，填充设置为"黑色"，设置半径为"40像素"。然后单击 ⚙ 按钮，在打开的【路径选项】设置框中选择【固定大小】单选项，并设置【W】为"11厘米"、【H】为"13厘米"。

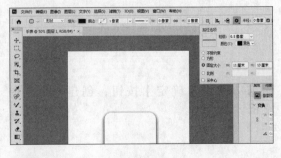

步骤 07 用鼠标在画面中单击绘制一个黑色圆角矩形，如下页图所示。

3. 填充渐变色

步骤 01 按【Ctrl】键，单击【圆角矩形1】图层，为其建立选区，如下图所示。

步骤 02 选择【选择】>【修改】>【收缩】命令，弹出【收缩选区】对话框，设置收缩量为"3"，并单击【确定】按钮。

得到如下图所示效果。

步骤 03 选择【渐变工具】 ，在选项栏上单击【点按可编辑渐变】按钮，在弹出的【渐变编辑器】中设置渐变颜色，单击【确定】按钮。

位置	颜色CMYK值
0	93，88，89，80
14	0，0，0，0
92	0，0，0，0
100	93，88，89，80

步骤 04 选择【圆角矩形1】图层，新建一个【图层1】，按住【Shift】键在矩形上创造一个线性渐变，如下图所示。

4. 添加内投影效果

步骤 01 在【图层】面板上双击【圆角矩形 2】缩览图，弹出【图层样式】对话框，选择【内发光】选项并设置颜色为黑色。

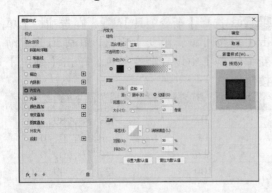

步骤 02 单击【确定】按钮，效果如下图所示。

5. 绘制反光细节

步骤 01 新建【图层3】，选择【多边形套锁工具】，创建一个矩形选区。

步骤 02 选择【渐变工具】 ，在选项栏上单击【点按可编辑渐变】按钮，在弹出的【渐变编辑器】中设置白色到白色渐变，并设置左边的白色透明度值为"0"，单击【确定】按钮。

步骤 03 按住【Shift】键在矩形上创造一个线性渐变，然后取消选择。

步骤 04 将【图层4】的图层不透明度值设置为"45"，效果如下图所示。

步骤 05 在【图层】面板上双击黑色的【圆角矩形2】缩览图，弹出【图层样式】对话框，选择【内发光】选项并设置颜色为白色。

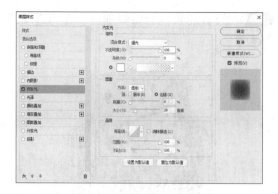

步骤 06 单击【确定】按钮，效果如下图所示。

6. 添加素材

步骤 01 打开"素材\ch08\3.jpg"文件。

步骤 02 选择【移动工具】 ✛ 将"3.jpg"拖曳到"手表"文档中。按【Ctrl+T】组合键调整图像的位置和大小，使其符合屏幕大小，并设置【图层混合模式】为【变亮】。

> **小提示**
>
> 在调整中，可以按【Ctrl】键选择【圆角矩形2】创建选区，然后选择"3.jpg"图层，并进行反选，删除多余的图像。

7. 制作按键

步骤 01 新建一个图层，选择【矩形工具】，设置前景色为"白色"，在"手表"的下方绘制一个矩形。

步骤 02 将【圆角矩形1】的图层样式复制到按钮图层上。

步骤 03 在【图层】面板上双击按钮图层缩览图，弹出【图层样式】对话框，选择【内发光】选项并设置颜色为"黑色"，设置其他参数，完成后单击【确定】按钮。

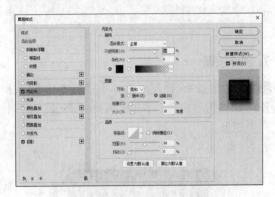

得到下图所示效果。

8. 绘制表带

步骤 01 新建一个图层，选择【钢笔工具】，在选项栏中选择【像素】选项。

步骤 02 设置前景色为深咖啡色，在画面中绘制表带。

步骤 03 在【图层】面板上双击表带图层缩览图，弹出【图层样式】对话框，选择【内发光】选项并设置颜色为"黑色"，设置其他参数，完成后单击【确定】按钮。

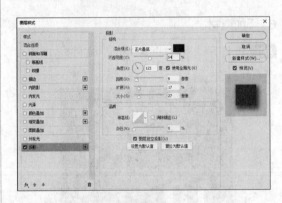

得到下图所示效果。

步骤 04 新建一个图层，选择【矩形选框工具】，在表带和表盘衔接处绘制一个矩形，填充为【透明-白色-透明】渐变色。

步骤 05 取消选区，设置该图层的【图层混合模式】为【柔光】。同理复制一个表带到下方。

步骤 06 将【圆角矩形1】的图层样式复制到表带图层上，效果如下图所示。

 # 高手支招

技巧1：选择不规则图像

下面讲述如何选择不规则图像。【钢笔工具】不仅可以用来编辑路径，而且可以更为准确地选择文件中的不规则图像。具体操作步骤如下。

步骤 01 打开"素材\ch08\4.jpg"文件。

步骤 02 在工具箱中单击【自由钢笔工具】，然后在【自由钢笔工具】选项栏选中【磁性的】复选框。

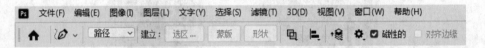

步骤 03 将鼠标指针移到图像窗口中，沿着花瓶的边单击并拖动，即可沿图像边缘产生路径。

步骤 04 在图像中单击鼠标右键，从弹出的快捷菜单中选择【建立选区】命令。

步骤 05 弹出【建立选区】对话框，根据需要设置选区的羽化半径。

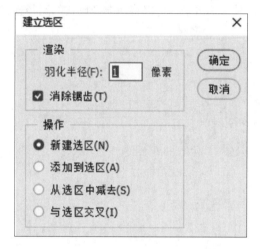

步骤 06 单击【确定】按钮，建立一个新的选区。这样，图中的花瓶即选择完成。

技巧2：钢笔工具显示状态

使用【钢笔工具】🖊编辑路径时，指针在路径和锚点上有不同的显示状态，通过对这些状态的观察，可以判断【钢笔工具】此时的功能，了解指针的显示状态可以更加灵活地使用钢笔工具。

🖊ₓ状态：当指针在画面中显示为🖊ₓ时，单击鼠标可以创建一个角点，单击并拖曳鼠标可以创建一个平滑点。

🖊₊状态：在工具选项栏中勾选【自动添加/删除】选项后，当指针显示为🖊₊时，单击鼠标可以在路径上添加锚点。

🖊₋状态：勾选【自动添加/删除】选项后，当指针在当前路径的锚点上显示为🖊₋时，单击鼠标可以删除该点。

🖊ₒ状态：在绘制路径的过程中，将指针移至路径的锚点上时，指针会显示为🖊ₒ状，此时单击可以闭合路径。

🖊ₒ状态：选择一个开放的路径后，将指针移至该路径的一个端点上，指针显示为🖊ₒ状时单击鼠标，然后便可以继续绘制路径。如果在路径的绘制过程中将钢笔工具移至另外一个开放路径的端点上，指针显示为🖊ₒ状时，单击鼠标可以将两端开放式的路径连接起来。

第**9**章

文字编辑与排版

学习目标

文字是平面设计的重要组成部分，它不仅可以传达信息，而且能够起到美化版面、强化主题的作用。Photoshop提供了多个用于创建文字的工具，文字的编辑和修改方法也非常灵活。

学习效果

9.1 创建文字和文字选区

以美术字、变形字、POP字和特效字为代表的各种艺术字体，广泛应用于平面设计、影视特效、印刷出版和商品包装等各个领域。除字体本身的造型外，经过设计特意制作出的效果，不仅能美化版面，而且能突出重点，因此具有实际的宣传效果。

在特殊字体效果的设计方法中，专业图像处理软件Photoshop以操作简便、修改随意，并且具有独特的艺术性而成为字体设计者的新宠。

Photoshop 中的文字由基于矢量的文字轮廓（即以数学方式定义的形状）组成，这些形状是描述字样的字母、数字和符号。文字是人们传达信息的主要方式，文字在设计工作中显得尤为重要。字的不同大小、颜色及不同的字体传达给人的信息也不相同，所以用户应该熟练地掌握文字的输入与设定。

9.1.1 输入文字

输入文字的工具有【横排文字工具】**T**、【直排文字工具】**IT**、【横排文字蒙版工具】**T**和【直排文字蒙版工具】**IT**4种，后两种工具主要用于建立文字选区。

利用文字输入工具可以输入点文本和段落文本两种类型的文字。

（1）点文本用在较少文字的场合，如标题、产品和书籍的名称等。输入时，选择文字工具，然后在画布中单击输入即可。点文本不会自动换行。

当创建文字时，【图层】面板中会添加一个新的文字图层。创建文字图层后，可以编辑文字并对其应用图层命令。下面讲解输入文字的方法。

步骤 01 打开"素材\ch09\1.jpg"文件。

（2）段落文本主要用于报纸杂志、产品说明和企业宣传册等。输入时可选择文字工具，然后在画布中单击并拖曳鼠标生成文本框，在其中输入文字即可。段落文本会自动换行形成一段文字。

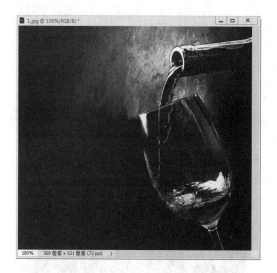

步骤 02 选择【文字工具】 T ，在文档中单击鼠标，输入标题文字。

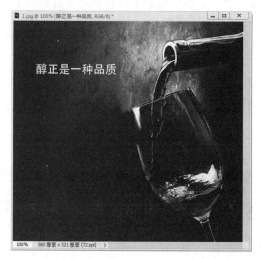

步骤 03 选择【文字工具】，在文档中单击鼠标并向右下角拖动出一个界定框。此时画面中会呈现闪烁的光标，在界定框内输入文本。

小提示

当创建文字时，在【图层】面板中会添加一个新的文字图层。在Photoshop中，还可以创建文字形状的选框。

9.1.2 设置文字属性

在Photoshop 2020中，通过文字工具的属性栏可以设置文字的方向、大小、颜色和对齐方式等。

1. 调整文字

步骤 01 继续上节的案例。选择标题文字，在工具属性栏中设置字体为"华文楷体"、大小为"30点"，设置消除锯齿的方法为"浑厚"。

栏中设置字体为"方正楷体简体"、大小为"14点"。

步骤 02 选择文本框内的文字，在工具属性

2.【文字工具】的参数设置

（1）【更改文字方向】按钮：单击此按钮，可以在横排文字和竖排文字之间进行切换。

（2）【字体】设置框：设置字体类型。

（3）【字号】设置框：设置文字大小。

（4）【消除锯齿】设置框：消除锯齿的方法包括【无】【锐利】【犀利】【浑厚】和【平滑】等，通常设定为【平滑】。

（5）【段落格式】设置区：包括【左对齐】按钮、【居中对齐】按钮和【右对齐】按钮。

（6）【文本颜色】设置项：单击可以弹出【拾色器（前景色）】对话框，在对话框中可以设定文本颜色。

（7）【创建文字变形】按钮：设置文字的变形方式。

（8）【切换字符和段落面板】按钮：单击该按钮，可打开【字符】和【段落】面板。

（9）：取消当前的所有编辑。

（10）：提交当前的所有编辑。

小提示

在对文字大小进行设定时，可以先通过文字工具拖曳选择文字，然后使用快捷键对文字大小进行更改。

更改文字大小的快捷键如下：

【Ctrl+Shift+>】组合键增大字号；

【Ctrl+Shift+<】组合键减小字号。

更改文字间距的快捷键如下：

【Alt+←】组合键可以减小字符的间距；

【Alt+→】组合键可以增大字符的间距。

更改文字行间距的快捷键如下：

【Alt+↑】组合键可以减小行间距；

【Alt+↓】组合键可以增大行间距。

文字输入完毕后，可以使用【Ctrl + Enter】组合键提交文字输入。

9.1.3 设置段落属性

在Photoshop 2020中，创建段落文字后，可以根据需要调整界定框的大小，文字会自动在调整后的界定框中重新排列，通过界定框还可以旋转、缩放和斜切文字。下面讲解设置段落属性的方法。

步骤 01 打开"素材\ch09\2.psd"文件。

步骤 02 选择文字后，在属性栏中单击【切换字符和段落面板】按钮▤，弹出【字符】面板，切换到【段落】面板。

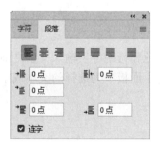

步骤 03 在【段落】面板上单击【最后一行左对齐】按钮▤，将文本对齐。

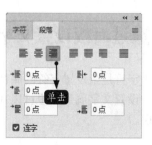

最终效果如下页图所示。

要在调整界定框大小时缩放文字，应在拖曳手柄的同时按住【Ctrl】键。

要旋转界定框，可将指针定位在界定框外，此时指针会变为弯曲的双向箭头↳形状。

按住【Shift】键并拖曳可将旋转限制为按15°进行。若要更改旋转中心，按住【Ctrl】键并将中心点拖曳到新位置即可，中心点可以在界定框的外面。

9.1.4 转换文字形式

Photoshop 2020 中的点文字和段落文字是可以相互转换的。

步骤 01 如果是点文字，可选择【文字】▷【转换为段落文本】命令，将其转化为段落文字后各文本行彼此独立排行，每个文字行的末尾（最后一行除外）都会添加一个回车字符。

步骤 02 如果是段落文字，可选择【文字】▷【转换为点文本】命令，将其转化为点文字。

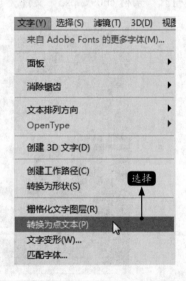

9.1.5 通过面板设置文字格式

格式化字符是指设置字符的属性，包括字体、大小、颜色和行距等。输入文字之前可以在工具属性栏中设置文字属性，也可以在输入文字之后在【字符】面板中为选择的文本或字符重新设置这些属性。

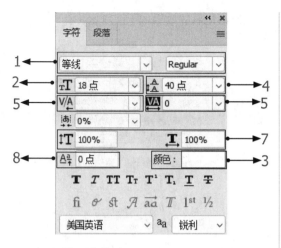

（1）设置字体。

设置文字的字体。单击其右侧的下三角按钮，在弹出的下拉列表中可以选择字体。

（2）设置文字大小。

单击字体大小 ⊤T 选项右侧的⌄按钮，可以单击右侧的下三角按钮，在弹出的下拉列表中选择需要的字号或直接在文本框中输入字体大小值。

（3）设置文字颜色。

设置文字的颜色。单击可以打开【拾色器】对话框，从中选择字体颜色。

（4）行距。

设置文本中各个文字之间的垂直距离。

（5）字距微调。

调整两个字符之间的距离。

（6）字距调整。

设置整个文本中所有字符的距离。

（7）水平缩放与垂直缩放。

用来调整字符的宽度和高度。

（8）基线偏移。

用来控制文字与基线的距离。

下面讲解调整字体的方法。

步骤 01 继续上节的文档进行文字编辑。选择文字后，在属性栏中单击【切换字符和段落面板】▤按钮，弹出【字符】面板。设置如下图所示参数，颜色设置为黄色。

步骤 02 最终效果如下图所示。

9.2 栅格化文字

输入文字后便可对文字选择一些编辑操作，但并不是所有的编辑命令都能适用于刚输入的文字。文字图层是一种特殊的图层，不属于图像类型，因此要对文字进行进一步的处理就必须对文字进行栅格化处理，将文字转换成一般的图像后再进行。

下面讲解文字栅格化处理的方法。

步骤01 单击工具箱中的【移动工具】，选择文字图层。

步骤02 选择【图层】➤【栅格化】➤【文字】命令。

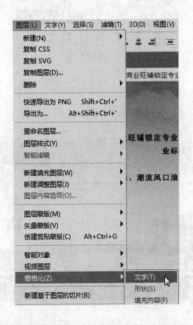

栅格化后的效果如下图所示。

小提示

文字图层被栅格化后，就成为一般图形而不再具有文字的属性。文字图层变为普通图层后，可以对其直接应用滤镜效果。

步骤03 也可以在图层面板上单击鼠标右键，在弹出的菜单中选择【栅格化文字】命令，得到相同的效果。

9.3 创建变形文字

为了增强文字的效果，可以创建变形文本。选择创建好的文字，单击Photoshop 2020文字属性栏上的【变形文字按钮】，可以打开【变形文字】对话框。

1. 创建变形文字

步骤01 打开"素材\ch09\3.jpg"文件。

步骤 02 选择【横排文字工具】，在需要输入文字的位置输入文字，然后选择文字。

步骤 03 在选项栏中单击【创建变形文本】按钮

，在弹出的【变形文字】对话框的【样式】下拉列表中选择【下弧】选项，并设置其他参数。

步骤 04 单击【确定】按钮，最终效果如下图所示。

2.【变形文字】对话框的参数设置

（1）【样式】下拉列表：用于选择哪种风格的变形。单击右侧的下三角按钮 可弹出样式风格菜单。

（2）【水平】单选项和【垂直】单选项：用于选择弯曲的方向。

（3）【弯曲】【水平扭曲】和【垂直扭曲】设置项：用于控制弯曲的程度，输入适当的数值或拖曳滑块均可。

9.4 创建路径文字

路径文字是使用钢笔工具或形状工具在路径上创建的文字，文字会沿着路径排列。当改变路径形状时，文字的排列方式也会发生改变。

绕路径文字是文字沿路径放置，可以通过对路径的修改来调整文字组成的图形效果。

区域文字是文字放置在封闭路径内部，形成与路径相同的文字块，然后通过调整路径的形状来调整文字块的形状。

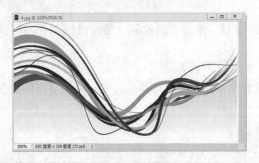

下面创建绕路径文字效果。

步骤 01 打开"素材\ch09\4.jpg"文件。

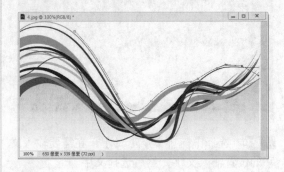

步骤 02 选择【钢笔工具】，在工具属性栏

中单击【路径】按钮 路径 ，然后绘制希望文本遵循的路径。

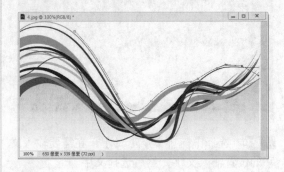

步骤 03 选择【文字工具】，将指针移至路径上，当指针变为形状时在路径上单击，然后输入文字即可。

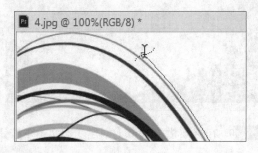

步骤 04 选择【直接选择工具】，当指针变为▶形状时沿路径拖曳即可。

9.5 综合实战1——制作绚丽的七彩文字

下面通过制作"七彩文字"来介绍文字工具的使用。

步骤 01 按【Ctrl+N】组合键，打开【新建文档】对话框，设置文档参数，单击【创建】按钮，创建空白图像文档。

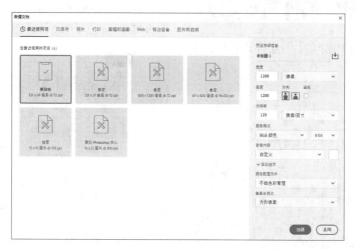

步骤 02 在工具箱中选择【横排文字】工具**T**，在【字符】面板中设置字体和大小，在画面中单击并输入文字，如下图所示。

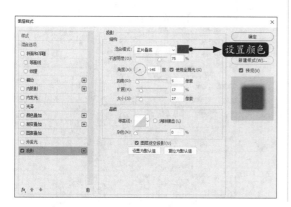

步骤 03 在【图层面板】中双击文字图层，打开【图层样式】对话框，添加【投影】效果，投影颜色设置为蓝色，如下图所示。

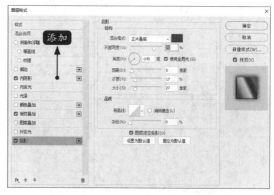

步骤 04 在左侧列表中选中【渐变叠加】选项，加载一种七彩的渐变效果，如下图所示。

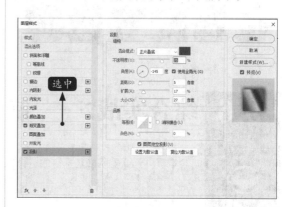

步骤 05 继续添加【内阴影】图层样式效果，如下图所示。

步骤 06 继续添加【内发光】图层样式效果，如下图所示。

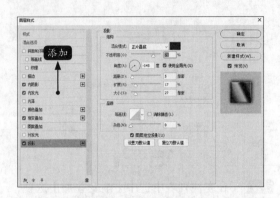

步骤 07 继续添加【斜面和浮雕】图层样式效果，选择一种光泽等高线样式，最终效果如下图所示。

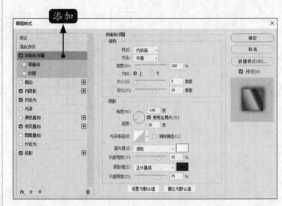

9.6 综合实战2——制作纸质风格艺术字

本节讲解纸质风格艺术字的具体制作步骤。

步骤 01 打开"素材\ch09\5.jpg"牛皮纸的素材文件。

步骤 02 选择【渐变工具】，设置【灰色-白色-灰色】的渐变颜色，并设置颜色的不透明度值为【70-0-70】。

步骤 03 在【图层】面板上新建一个【图层1】，然后填充渐变颜色如下图所示。

步骤 04 选择【矩形选框工具】，然后新建一个【图层2】，创建如下图所示的矩形选框。

步骤 05 再次选择【渐变工具】，设置【黑色到灰色】的渐变颜色，为矩形选框填充渐变颜色。

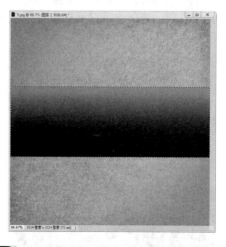

步骤 06 设置【图层2】的【图层混合模式】为【正片叠底】模式，设置图层【不透明度】值

为 "70%"，然后使用【自由变换】工具 自由变换(F) 调整矩形的透视效果如下图所示。

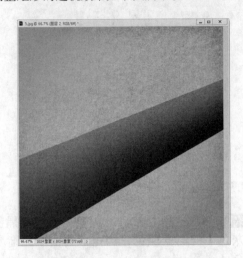

步骤 07 选择【横排文字工具】 T，输入如下图所示的文本，并在【字符面板】中设置文字格式。

步骤 08 将【文字图层】转换成【形状图层】。

步骤 09 使用【自由变换】工具 自由变换(F) 调整文字的透视效果如下图所示。

步骤 10 选择【钢笔工具】 ，在属性栏中设置为【形状】，然后设置为【减去顶层形状】 ，减去如下页图所示的图形。

步骤 11 选择【矩形工具】 ，在属性栏中设置为【形状】，然后设置为【合并形状】，添加如下图所示的图形。

步骤 12 选择【直接选择工具】 ，调整形状细节如下图所示。

步骤 13 新建一个【图层3】，建立刚才创建的形状图层的选区后填充为"白色"，如下图所示。

步骤 14 复制【图层3】，填充黑色，不透明度设置为"40%"，制作投影效果，图层面板设置如下页图所示。

示，制作文字的明暗效果。

步骤⑮ 复制【图层2】，然后建立【图层3】的选区，反选删除，图层面板设置如右上图所

高手支招

技巧1：如何为Photoshop添加字体

　　Photoshop 2020中所使用的字体其实就是调用Windows系统中的字体。如果感觉Photoshop中字库文字的样式太单调，则可以自行添加。字体安装的方法主要有3种。

　　（1）右键安装。

　　选择要安装的字体，单击鼠标右键，在弹出的快捷菜单中选择【安装】命令，即可进行安装，如下页图所示。

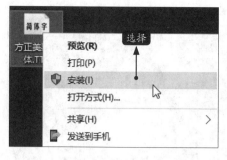

（2）复制到系统字体文件夹中。

复制要安装的字体，打开【计算机】在地址栏里输入C:\WINDOWS\Fonts，按【Enter】键，进入Windows字体文件夹，粘贴到文件夹里即可，如下图所示。

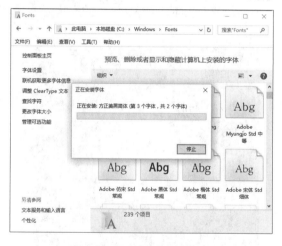

（3）右键作为快捷方式安装。

步骤01 打开【计算机】在地址栏里输入C:\WINDOWS\Fonts，按【Enter】键，进入Windows字体文件夹，然后单击左侧的【字体设置】链接。

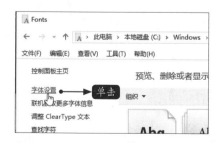

步骤02 在打开的【字体设置】窗口中，选中【允许使用快捷方式安装字体（高级）（A）】选项，然后单击【确定】按钮。

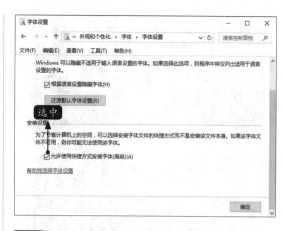

步骤03 选择要安装的字体，单击鼠标右键，在弹出的快捷菜单中选择【作为快捷方式安装】命令，即可安装。

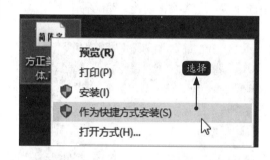

小提示

第一种和第二种方法直接安装到Windows字体文件夹里，会占用系统内存，并影响开机速度，建议如果是少量的字体安装，可使用该方法。使用快捷方式安装字体，只是将字体的快捷方式保存到Windows字体文件夹里，可以达到节省系统空间的目的，但是不能删除安装字体或改变位置，否则无法使用。

技巧2：如何用【钢笔工具】和【文字工具】创建区域文字效果

使用Photoshop的【钢笔工具】和【文字工具】可以创建区域文字效果。具体的操作步骤如下。

步骤01 打开"素材\ch08\6.jpg"文件。

步骤 02 选择【钢笔工具】 ，然后在选项栏中选择 路径 选项，创建封闭路径。

步骤 03 选择【文字工具】，将指针移至路径内，当指针变为 形状时，在路径内单击并输入文字，或将复制的文字粘贴到路径内。

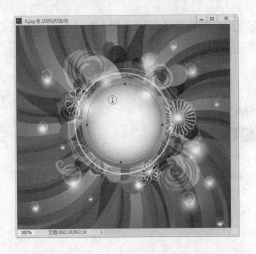

步骤 04 在工具箱中选择【直接选择工具】 ，调整路径的形状即可调整文字块的形状。

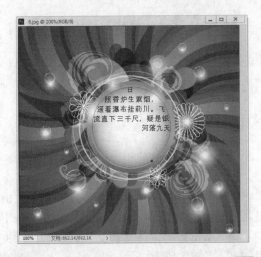

第 10 章

使用滤镜快速美化图片

学习目标

在Photoshop 2020中，有传统滤镜和一些新滤镜，每一种滤镜又提供有多种细分的滤镜效果，为用户处理位图提供了极大的方便。本章的内容丰富有趣，可以按照实例步骤进行制作。建议打开配套的素材文件进行对照学习，以提高学习效率。

学习效果

10.1 【镜头校正】滤镜：照片畸变矫正

使用广角镜头拍摄建筑物时，通过倾斜相机使所有建筑物出现在照片中，会产生扭曲、畸变现象，从镜头上看上去像是向后倒。使用【镜头校正】命令可修复此类图像。

步骤 01 选择【文件】➤【打开】命令，打开"素材\ch10\1.jpg"文件。

步骤 02 选择【滤镜】➤【镜头校正】命令，弹出【镜头矫正】对话框。

步骤 03 在【镜头矫正】对话框中，选择【自定】选项卡，设置各项参数确保地平线垂直的线条与垂直网格平行后，单击【确定】按钮。

显示调整后的效果，如下图所示。

小提示

【镜头矫正】命令还可以矫正桶形和枕形失真以及色差等，也可以用来旋转图像，修复由于相机垂直或水平倾斜而导致的图像透视问题。

10.2 【液化】滤镜：对脸部进行矫正

【液化】滤镜可用于推、拉、旋转、反射、折叠和膨胀图像的任意区域。创建的扭曲可以是细微的或剧烈的，这就使【液化】命令成为修饰图像和创建艺术效果的强大工具。

（1）【向前变形工具】按钮：在拖曳鼠标时可向前推动像素。按住【Shift】键单击变形工具、左推工具或镜像工具，可创建从以前单击的点沿直线拖动的效果。

（2）【重建工具】按钮：用来恢复图像。在变形的区域单击拖曳鼠标或拖曳鼠标进行涂抹，可以使变形区域恢复为原来的效果。

（3）【顺时针旋转扭曲工具】：在按住鼠标按键或拖曳鼠标时可顺时针旋转像素。要逆时针旋转像素，可按住鼠标按键或拖动时按住【Alt】键。

（4）【褶皱工具】按钮：在图像中单击鼠标或拖曳鼠标时可以使像素向画笔区域的中心移动，使图像产生向内收缩的效果。

（5）【膨胀工具】按钮：在图像中单击鼠标或拖曳鼠标时可以使像素向画笔区域的中心移动，使图像产生向外膨胀的效果。

（6）【左推工具】按钮：当垂直向上拖动该工具时，像素向左移动（如果向下拖动，像素则向右移动）。也可以围绕对象顺时针拖动以增加其大小，或逆时针拖动以减小其大小。要在垂直向上拖动时向右推像素（或者要在向下拖动时向左移动像素），可拖动时按住【Alt】键。

本节主要使用【液化】命令中的【向前变形工具】工具配合【冻结蒙版工具】对脸部进行矫正，使脸型变得更加完美，具体操作步骤如下。

步骤 01 打开"素材\ch10\2.jpg"文件。

步骤 02 选择【滤镜】>【液化】命令。

步骤 03 在弹出的【液化】对话框中单击【冻结蒙版工具】按钮，并在【液化】对话框中设置画笔大小为100，画笔浓度为50，画笔压力为100。然后在调整的脸部周围，对不需要调整的部分进行遮盖，效果如下页图所示。

，将遮盖的痕迹进行擦除，单击【确定】按钮，最终效果如下图所示。

步骤 04 单击【向前变形工具】按钮🖋️，调整脸部和下巴，调整后单击【解冻蒙版工具】按钮

10.3 【消失点】滤镜：制作书籍封面效果

☕ 【消失点】滤镜可以简化在包含透视平面（如建筑物的侧面、墙壁、地面等）的图像中进行透视校正编辑的过程。在消失点中，可以在图像中指定平面，然后应用绘画、仿制、复制或粘贴以及变换等编辑操作。下面介绍使用【消失点】滤镜制作书籍封面效果。

步骤 01 接上节案例，打开"素材\ch10\3.jpg"文件。

步骤 02 选择3.jpg图像文件，然后选择【滤镜】▶【消失点】命令，在弹出的【消失点】对话框中单击【创建平面工具】按钮 ，然后单击四次创建透视平面，如下图网格所示，单击【确定】按钮。

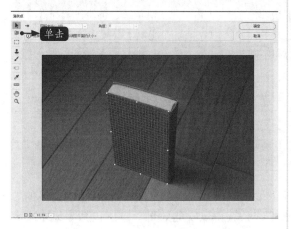

透视平面的外框和网格通常是蓝色的。如果放置角节点时出现问题，则此平面无效并且外框和网格将变为红色或黄色。如果平面无效，应移动角节点直至外框和网格变为蓝色。

步骤 03 接下来选择上节的结果文件，将背景图层转换成普通图层，在封面图层上按【Ctrl+A】组合键全选，然后按【Ctrl+C】组合键复制，再次单击【滤镜】▶【消失点】命令，进入【消失点】对话框中按【Ctrl+V】组合键粘贴图片。

步骤 04 在【消失点】对话框中单击【变换工具】 ，按【Shift】键对粘贴的图片进行等比缩小。

步骤 05 再次单击【编辑平面工具】按钮 ，将调整后的图片拖曳到透视框中，单击【确定】按钮。

得到的最终效果如下图所示。

10.4 【风格化】滤镜：制作风格化效果

风格化滤镜主要针对图像的像素进行调整，可以强化图像色彩的边界。因此，图像的对比度对风格化的一些滤镜影响是比较大的。【风格化】滤镜通过置换像素和查找增加图像的对比度，在选区中生成绘画或印象派的效果。在使用【查找边缘】和【等高线】等突出显示边缘的滤镜后，可应用【反相】命令用彩色线条勾勒彩色图像的边缘或用白色线条勾勒灰度图像的边缘。

10.4.1 风效果

风滤镜可以在图像中色彩相差比较大的边界上增加一些水平的短线，来模拟一个刮风的效果。通过【风】滤镜可以在图像中放置细小的水平线条获得风吹的效果。方法包括【风】【大风】（用于获得更生动的风效果）和【飓风】（使图像中的线条发生偏移）。

步骤 01 打开"素材\ch10\4.jpg"文件。

步骤 02 选择【滤镜】➤【风格化】➤【风…】命令。

步骤 03 弹出【风】对话框，设置【方法】和【方向】，然后单击【确定】按钮。

调整后的效果如下图所示。

10.4.2 拼贴效果

拼贴滤镜可以使图像按照指定的设置分裂出若干个正方形，并且可以设置正方形的位移来实现拼贴的效果。【拼贴】滤镜将图像分解为一系列拼贴，使选区偏离其原来的位置。

步骤 01 打开"素材\ch10\5.jpg"文件。

步骤 02 选择【滤镜】➤【风格化】➤【拼贴…】命令。

步骤 03 弹出【拼贴】对话框，设置拼贴的各个参数，然后单击【确定】按钮。

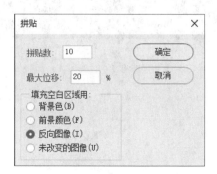

小提示

【拼贴】对话框中的各个参数如下。

（1）拼贴数：设置行或者列中分裂出来的方块数量。

（2）最大位移：方块偏移原始位置的最大位置比例。

（3）填充空白区域：可设置瓷砖间的间隙以何种图案填充，包括【背景色】【前景颜色】【反向图像】和【未改变的图像】。

背景色：使用背景色面板中的颜色填充空白区域。

前景颜色：使用前景色面板中的颜色填充空白区域。

反向图像：将原图做一个反向效果，然后填充空白区域。

未改变的图像：使用原图来填充空白区域。

得到的效果如下图所示。

10.4.3 凸出效果

凸出滤镜可以将图像分解为三维的立方块或者金字塔凸出的效果，【凸出】滤镜赋予选区或图层一种三维纹理效果。

步骤 01 打开"素材\ch10\6.jpg"文件。

步骤 02 选择【滤镜】➤【风格化】➤【凸出…】命令。

步骤 03 弹出【凸出】对话框，对参数进行设置，单击【确定】按钮。

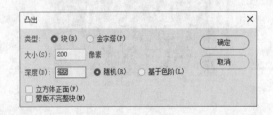

小提示

【凸出】对话框中的各个参数如下。

（1）类型：用于设定凸出类型，其中有块和金字塔两种类型。

块：将图像分割成若干个块状，然后形成凸出效果。

金字塔：将图像分割成类似金字塔的三棱锥体，形成凸出效果。

（2）大小：设置块的大小或者金字塔的底面大小。变化范围为2～255像素，以确定对象基底任一边的长度。

（3）深度：控制块的凸出的深度。输入1～255的值以表示最高的对象从挂网上凸起的高度。

（4）随机：可以是深度随机，为每个块或金字塔设置一个任意的深度。

（5）基于色阶：根据色阶的不同调整块的深度，使每个对象的深度与其亮度对应，越亮凸出得越多。

（6）立方体正面：勾选之后，将用块的平均颜色来填充立方体正面。

（7）蒙版不完整块：选中此复选框可以隐藏所有延伸出选区的对象。

得到的结果如下图所示。

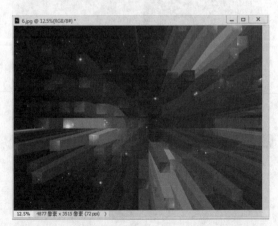

10.5 【扭曲】滤镜：制作扭曲效果

扭曲滤镜可以使图像产生各种扭曲变形的效果。在扭曲滤镜中，包括波浪、波纹、极坐标、挤压、切变、球面化、水波、旋转扭曲、置换。【扭曲】滤镜将图像进行几何扭曲，创建三维或其他整形效果。

10.5.1 波浪效果

选择【滤镜】▶【扭曲】▶【波浪】命令可以使用波浪效果。波浪效果是在选区上创建波状起伏的图案，像水池表面的波浪。

【波浪】对话框中的各个参数如下。

（1）生成器数：滑动滑块，可以控制波浪的数量，最大数量为999，用来设置产生波纹效果的震源总数。

（2）波长：波长可以分别调整最大值与最小值，最大值和最小值决定相邻波峰之间的距离，并且相互制约。最大值不可以小于或者等于最小值。

（3）波幅：波幅的最大值和最小值也是相互制约的，它们决定了波峰的高度。波幅的最大值也是不能小于或者等于最小值的。

（4）比例：用滑动滑块，可以控制图像在水平或者垂直方向的变形程度。

（5）类型：【正弦】【三角形】和【方形】分别设置产生波浪效果的形态，如下图所示。

 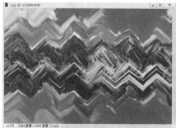 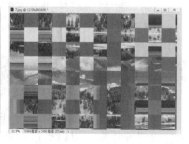

10.5.2 玻璃效果

玻璃滤镜可以实现一种玻璃效果。但是，不能应用于CMYK以及LAB模式的图像上。

选择【滤镜】➤【滤镜库】命令，打开【滤镜库】面板，选择【扭曲】➤【玻璃】选项，即可打开【玻璃】面板。在面板中可以调整扭曲度以及平滑度，还可以选择玻璃的纹理效果。

【玻璃】滤镜使图像看起来像是透过不同类型的玻璃来观看的。可以选取一种玻璃效果，也可以将自己的玻璃表面创建为 Photoshop 文件并应用。

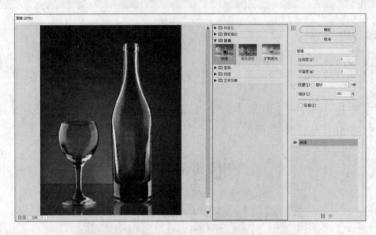

【玻璃】对话框中的各个参数如下。

（1）扭曲度：可以控制图像的扭曲程度，范围最大为20。

（2）平滑度：使扭曲的图像变得平滑，范围最大为15。

（3）纹理：在该选项的下拉框中可选择扭曲时产生的纹理，包括【块状】【画布】【磨砂】和【小镜头】。

   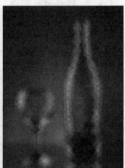

（4）缩放：调整纹理的缩放大小。

（5）反向：选择该项，可反转纹理效果。

10.5.3 挤压效果

挤压滤镜可以使图像产生一种凸起或者是凹陷的效果。

设置面板中，可以通过调整数量来控制挤压的轻度。数量为正，是向内挤压形成凹陷的效果；数量为负，是向外挤压，形成凸出的效果。

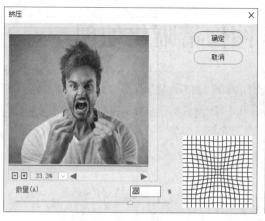
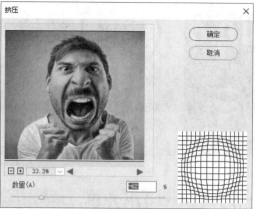

10.5.4 旋转扭曲效果

【旋转扭曲】滤镜用于旋转选区，中心的旋转程度比边缘的旋转程度大。指定角度时可以生成旋转扭曲图案。

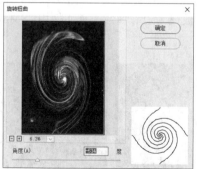
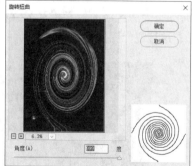

10.6 【锐化】滤镜：图像清晰化处理

USM锐化是一个常用的技术，简称USM，用来锐化图像中的边缘。可以快速调整图像边缘细节的对比度，并在边缘的两侧生成一条亮线一条暗线，使画面整体更加清晰。对于高分辨率的输出，锐化效果通常在屏幕上显示比印刷出来的更明显。

10.6.1 USM锐化效果

【USM锐化】对话框中的各个参数如下。

（1）数量：通过滑动滑块调整数量，可以控制锐化效果的强度。

（2）半径：指的是锐化的半径大小。该设置决定了边缘像素周围影响锐化的像素数。图像的分辨率越高，半径设置应越大。

（3）阈值：即相邻像素的比较值。阈值越小，锐化效果越明显。该设置决定了像素的色调必须与周边区域的像素相差多少才被视为边缘像素，进而使用USM滤镜对其进行锐化。默认值为0，这将锐化图像中所有的像素。

10.6.2 智能锐化效果

　　智能锐化滤镜的设置比较高级，我们可以控制锐化的强度，可以有针对性地移去图像中模糊的效果，还可以针对高光和阴影部分进行锐化的设置。【智能锐化】滤镜具有【USM锐化】滤镜所没有的锐化控制功能，可以设置锐化算法或控制在阴影和高光区域中的锐化量，而且能避免色晕等问题，起到使图像细节清晰起来的作用。

　　【智能锐化】对话框中的各个参数如下。

　　（1）数量：调整滑块，可以控制锐化的强度。

　　（2）半径：可以调整锐化效果的半径大小，决定边缘像素周围受锐化影响的锐化数量。半径越大，受影响的边缘就越宽，锐化的效果也就越明显。

　　（3）减少杂色：减少因锐化产生的杂色效果，加大值会减小锐化效果。

　　（4）移去：设置对图像进行锐化的锐化算法。【高斯模糊】是【USM锐化】滤镜使用的方法，【镜头模糊】将检测图像中的边缘和细节；【动感模糊】尝试减少由于相机或主体移动而导致的模糊效果。

10.7 【模糊】滤镜：图像柔化处理

【模糊】滤镜柔化选区或整个图像，对于修饰非常有用。它们通过平衡图像中已定义的线条和遮蔽区域的清晰边缘旁边的像素，使变化显得柔和。

10.7.1 动感模糊效果

模糊滤镜主要是使图像柔和，淡化图像中不同的色彩边界，可以适当掩盖图像的缺陷。

动感模糊可以对图像沿着指定的方向以及指定的距离来进行模糊。【动感模糊】滤镜沿指定方向（–360°～+360°）以指定强度（1～999）进行模糊。此滤镜的效果类似于以固定的曝光时间给一个移动的对象拍照。

【动感模糊】对话框中的各个参数如下。

角度：用来设置模糊的方向，可以输入角度数值，也可以拖动指针调整角度。

距离：用来设置像素移动的距离。

10.7.2　表面模糊效果

【表面模糊】滤镜可以在保留色彩边缘的同时模糊图像，用于创建特殊效果，并且消除杂色。

【表面模糊】对话框中的各个参数如下。

（1）半径：以像素为单位，滑动滑块指定模糊取样区域的大小。

（2）阈值：以色阶为单位，控制相邻像素色调值与中心像素值相差多大时才能成为模糊的一部分。色调值相差小于阈值的像素不会被模糊。

10.7.3　高斯模糊效果

高斯模糊可以按照一定的半径数值，给图像产生一种朦胧的模糊效果。选择【滤镜】➤【模糊】➤【高斯模糊】命令可以创建模糊效果。

【高斯模糊】滤镜使用可调整的量快速模糊选区。高斯是指当Photoshop将加权平均应用于像素时生成的钟形曲线。【高斯模糊】滤镜添加低频细节，并产生一种朦胧效果。

10.7.4 径向模糊效果

径向模糊可以模拟移动相机或者旋转相机产生的模糊效果，产生一种柔化的模糊。

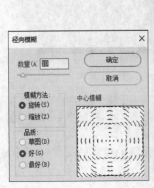  

【径向模糊】对话框中的各个参数如下。

中心模糊：在该设置框内单击鼠标可以将单击点设置为模糊的原点，原点的位置不同，模糊的效果也不同。

数量：可以控制模糊的强度，范围为1~100，该值越高，模糊效果越强烈。

品质：品质分为草图、好、最好，用来设置应用模糊效果后图像的显示品质。

10.8 【艺术效果】滤镜：制作艺术效果

艺术效果滤镜组中包含很多艺术滤镜，可以模拟一些传统的艺术效果，或者一些天然的艺术效果。

艺术效果滤镜是滤镜库中的滤镜，所以，如果在当前的【滤镜】菜单下看不到【艺术效果】滤镜时，按【Ctrl+K】组合键，弹出首选项的设置面板。

使用【艺术效果】子菜单中的滤镜，可以为美术或商业项目制作和提供绘画效果或艺术效果。例如，使用【木刻】滤镜进行拼贴或印刷。这些滤镜模仿自然或传统介质效果，可以通过【滤镜库】应用所有【艺术效果】滤镜。

10.8.1 制作壁画效果

【壁画】滤镜使用短而圆、粗略涂抹的小块颜料，以一种粗糙的风格绘制图像。

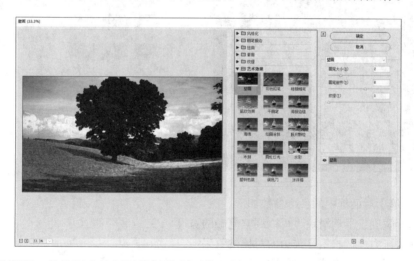

壁画滤镜模拟一种使用小块颜料粗糙绘制图像的效果。在设置面板中，可以调整画笔大小、细节和纹理。

（1）画笔大小：滑动滑块，可以调整画笔大小，改变描边颜料块的大小。

（2）画笔细节：用来调整图像中细节的程度。

（3）纹理：可以调整纹理的对比度。

10.8.2 制作彩色铅笔效果

【彩色铅笔】滤镜使用彩色铅笔在纯色背景上绘制图像，保留重要边缘，外观呈粗糙阴影线，纯色背景色透过比较平滑的区域显示出来。

【彩色铅笔】对话框中的各个参数如下。

（1）铅笔宽度：滑动滑块，可以调整笔触的宽度。

（2）描边压力：调整铅笔描边的对比度效果。

（3）纸张亮度：调整背景色的明亮度。

10.8.3 制作底纹效果

【底纹效果】滤镜在带纹理的背景上绘制图像，然后将最终图像绘制在该图像上。

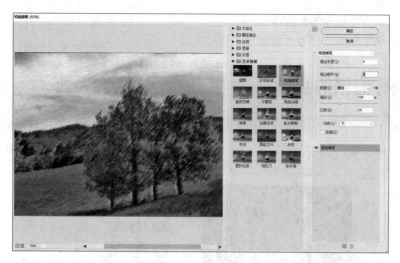

底纹效果滤镜，可以将选择的纹理效果与图像融合在一起。【底纹效果】对话框中的各个参数如下。

（1）画笔大小：滑动滑块设置产生底纹的画笔大小。该值越高，绘画效果越强烈。

（2）纹理覆盖：控制纹理与图像的融合程度。

（3）纹理：可以选砖形、画布、粗麻布、砂岩等纹理效果。

（4）缩放：用来设置纹理大小。

（5）凸现：调整纹理表面的深度。

（6）光照方向：可以选择不同的光源照射方向。

（7）反相：将纹理的表面亮色和暗色翻转。

10.8.4 制作干画笔效果

【干画笔】滤镜使用干画笔技术（介于油彩和水彩之间）绘制图像边缘。此滤镜通过将图像的颜色范围降到普通颜色范围来简化图像。

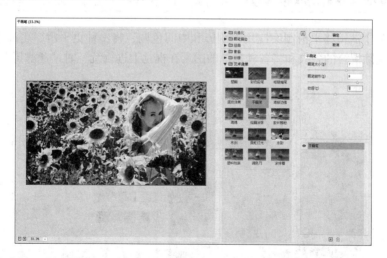

利用干画笔滤镜，可以模拟一种油画与水彩画之间的一个艺术效果。【干画笔】对话框中的各个参数如下。

画笔大小：可以调整画笔笔触的大小。此值越细，图像越清晰。

画笔细节：调节笔触和细腻程度。

纹理：调整结果图像纹理显示的强度。

10.8.5 制作海报边缘效果

【海报边缘】滤镜根据设置的海报化选项减少图像中的颜色数量（对其进行色调分离），并查找图像的边缘，在边缘上绘制黑色线条。大而宽的区域有简单的阴影，细小的深色细节遍布图像。

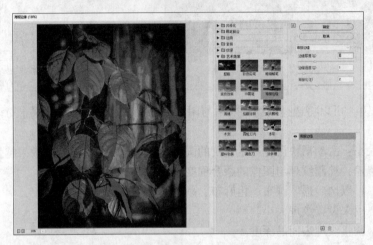

海报边缘滤镜，可以自动识别图像的边缘，并且使用黑色的线条绘制边缘部分。【海报边缘】对话框中的各个参数如下。

边缘厚度：滑动滑块，调整边缘绘制的柔和程度。

边缘强度：滑动滑块，可以调整边缘刻画的强度。

海报化：调整图像中颜色的数量。

10.8.6 制作胶片颗粒效果

【胶片颗粒】滤镜将平滑图案应用于阴影和中间色调，将一种更平滑、更高饱和度的图案添加到亮区。在消除混合的条纹和将各种来源的图素在视觉上进行统一时，此滤镜非常有用。

胶片颗粒滤镜可以给图像增加一些颗粒效果。【胶片颗粒】对话框中的各个参数如下。

颗粒：设置图像上分布黑色颗粒的数量和大小。

高光区域：设置高亮区域的颗粒总数。此值越大，高亮区域的颗粒总数越少。

强度：控制颗粒效果的强度。此值越小，强度越强烈。

10.8.7 制作木刻效果

【木刻】滤镜使图像看上去好像是由从彩纸上剪下的边缘粗糙的剪纸片组成的。高对比度的图像看起来呈剪影状，彩色图像看上去是由几层彩纸组成的。

木刻滤镜，可以实现一种在木头上雕刻的简单效果。【木刻】对话框中的各个参数如下。

色阶数：控制色阶的数量，可以控制图像显示的颜色多少。

边缘简化度：可以控制图像色彩边缘简化的程度。此值越大，边缘越快速简化为背景色。可在几何形状不太复杂时产生真实的效果。

边缘逼真度：控制图像色彩边缘的细节。

10.8.8 制作霓虹灯光效果

【霓虹灯光】滤镜将各种类型的灯光添加到图像中的对象上。此滤镜用于在柔化图像外观时给图像着色。要选择一种发光颜色，可单击发光框，并从拾色器中选择一种颜色。

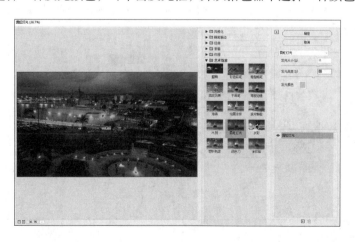

霓虹灯光滤镜可以模拟霓虹灯照射的效果，图像的背景将使用前景色填充。【霓虹灯光】对话框中的各个参数如下。

发光大小：数值为正，照亮图像；数值为负，则使图像变暗。

发光亮度：设置发光的亮度。

发光颜色：单击色块，可以更改发光的颜色。

10.8.9 制作水彩效果

【水彩】滤镜以水彩的风格绘制图像，使用蘸了水和颜料的中号画笔绘制以简化细节。当边缘有显著的色调变化时，此滤镜会使颜色饱满。

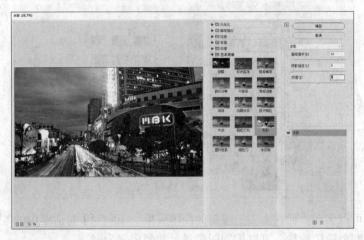

水彩滤镜可以模拟一种水彩风格的图像效果。【水彩】滤镜对话框中的各个参数如下。

画笔细节：可以设置画笔的细腻程度，保留图像边缘细节。

阴影强度：设置图像阴影的强度大小。

纹理：控制纹理显示的强度。

10.8.10 制作塑料包装效果

【塑料包装】滤镜给图像涂上一层光亮的塑料，以强调表面细节。

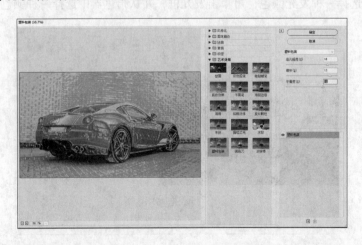

塑料包装滤镜可以模拟一种发光塑料覆盖的效果。【塑料包装】对话框中的各个参数如下。

高光强度：设置高亮点的亮度。

细节：设置细节的复杂程度。

平滑度：设置光滑程。

10.8.11 制作调色刀效果

【调色刀】滤镜用来减少图像中的细节以生成描绘得很淡的画布效果，可以显示出下图所示的纹理。

调色刀滤镜会降低图像的细节，并淡化图像，实现出一种在湿润的画布上绘画的效果。【调色刀】对话框中的各个参数如下。

描边大小：调整色块的大小。

线条细节：控制线条刻画的强度大小。

软化度：淡化色彩边界。

10.8.12 制作涂抹棒效果

【涂抹棒】滤镜使用短的对角线描边涂抹暗区以柔化图像，使亮区变得更亮，以致失去细节。

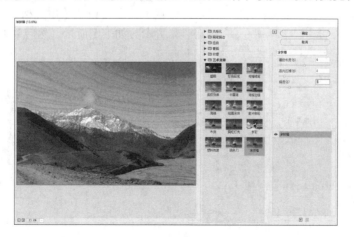

涂抹棒滤镜可以使用对角线描边涂抹图像的暗部，从而使图像变得柔和。【涂抹棒】对话框中的各个参数如下。

描边长度：可以控制笔触线条的大小。

高光区域：可以改变图像的高光范围。

强度：设置涂抹强度，此值越大，反差效果越强。

10.9 综合实战——用滤镜制作炫光空间

本实例学习使用制作色彩绚丽的炫光空间背景，制作过程不复杂，主要用到的是"镜头光晕"和"波浪"滤镜。由于随机性比较强，每一次做的效果都可能有变化。

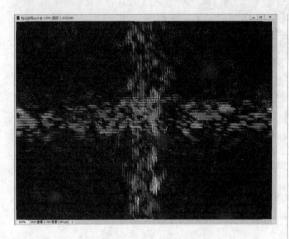

结果 \ch10\ 炫光空间 .psd

第1步：新建文件

步骤 01 选择【文件】➤【新建】命令，新建一个文件。

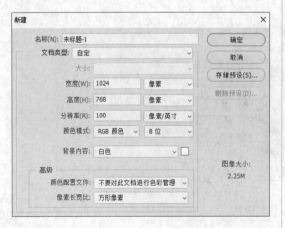

步骤 02 选择【滤镜】➤【渲染】➤【云彩】命令，效果如下图所示。

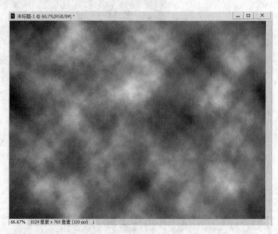

第2步：添加滤镜效果

步骤 01 选择【滤镜】➤【像素化】➤【马赛克】命令，设置【单元格大小】为"10"，设置参数如下图所示，然后单击【确定】按钮。

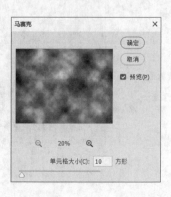

得到如下图所示结果。

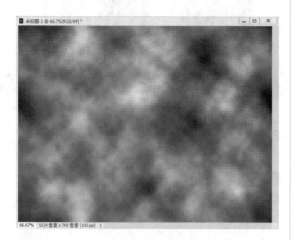

步骤 02 选择【滤镜】➤【模糊】➤【径向模糊】命令，参数设置如下图所示，单击【确定】按钮。

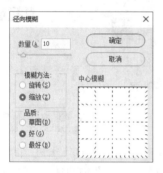

得到如下图所示结果。

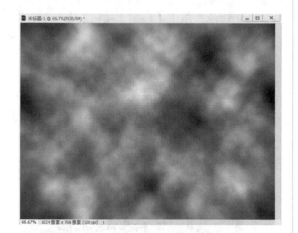

步骤 03 选择【滤镜】➤【风格化】➤【浮雕效果】命令，参数设置如右上图所示，单击【确定】按钮。

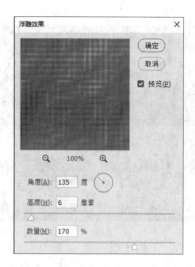

得到如下图所示结果。

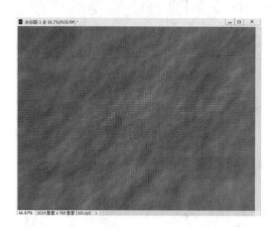

步骤 04 选择【滤镜】➤【滤镜库】➤【画笔描边】➤【强化的边缘】命令，效果如下图所示，单击【确定】按钮。

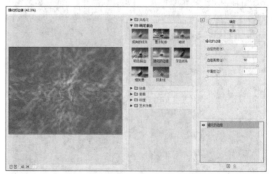

步骤 05 选择【滤镜】➤【风格化】➤【查找边缘】命令，创建清晰的线条效果，按【Ctrl+I】组合键将图像反相，效果如下页图所示。

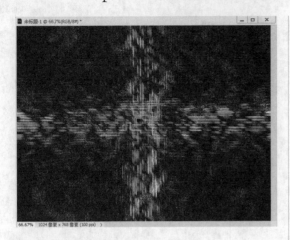

第3步：添加炫彩效果

步骤 01 按【Ctrl+L】组合键打开【色阶】对话框，将【阴影】滑块向右拖动，使图像变暗，如下图所示。

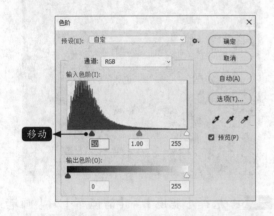

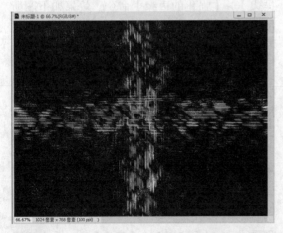

步骤 02 在【图层】面板中，单击 ● 按钮，在弹出的快捷菜单中选择【照片滤镜…】命令。

步骤 03 在显示的【属性】面板中，在【滤镜】下拉列表中选择"蓝"，设置【浓度】为100%，如下图所示。

步骤 04 选择【渐变工具】 ，在工具选项栏中单击【径向渐变】按钮 ，并单击【渐变颜色】条 ，打开【渐变工具】对话框，调整渐变颜色，单击【确定】按钮。

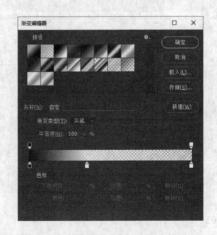

步骤 05 新建一个图层，填充一些小的渐变颜色，完成滤镜打造神秘炫光空间的效果图。

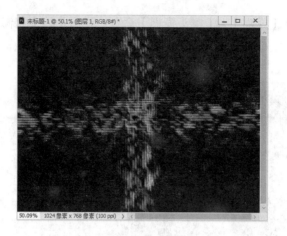

 高手支招

技巧1：对人物照片背景进行虚化的技巧

照片背景虚化，在专业术语中指"景深"处理，也就是当焦距对准某一点时其前后都仍可清晰的范围。它能决定是把背景模糊化来突出拍摄对象，还是拍出清晰的背景。镜头模糊滤镜是一个比较实用的滤镜，可以用来模拟景深效果，以便使图像中的一些对象在焦点内，而另一些区域变模糊。

步骤 01 打开"素材\ch10\27.jpg"文件，如果需要将人物后面的场景进行模糊，镜头中的人物还是清晰的，需要将人物建立选区，然后再创建选区通道。

步骤 02 选择【滤镜】➤【模糊】➤【镜头模糊】命令，弹出【镜头模糊】对话框，设置各个参数，单击【确定】按钮。

返回图像界面，最终效果如下图所示。

技巧2：Photoshop 2020滤镜与颜色模式

如果Photoshop 2020【滤镜】菜单中的某些命令显示为灰色，表示它们无法执行。通常情况下，这是由于图像的颜色模式造成的。RGB模式的图像可以使用全部滤镜，一部分滤镜不能用于CMYK模式的图像，索引和位图模式的图像则不能使用任何滤镜。如果要对CMYK、索引或位图模式图像应用滤镜，可在菜单栏选择【图像】➤【模式】➤【RGB颜色】命令，将其转换为RGB模式。

第3篇
综合案例篇

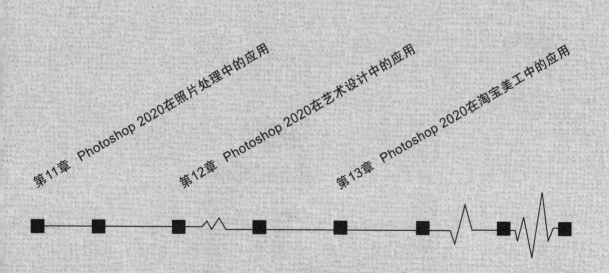

第 **11** 章

Photoshop 2020在照片处理中的应用

 学习目标

我们拍摄的照片可以通过Photoshop进行各种处理和修饰。结合Photoshop的强大功能，再普通的相机，也可以打造出绚丽的风景。

学习效果

11.1 人物照片处理

本节学习使用Photoshop 2020处理一些人物照片图像，例如人像照片曝光问题、偏色问题和五官修整等。

11.1.1 修复曝光照片

本实例主要讲解使用【自动对比度】【自动色调】和【曲线】等命令来修复曝光过强的照片。制作前后效果如下图所示。

素材 \ch11\ 曝光照片 .jpg　　　　　　　　　结果 \ch11\ 修复曝光 .jpg

步骤01 打开"素材\ch11\曝光照片.jpg"文件。

命令，调整图像对比度。

步骤02 选择【图像】➢【自动色调】命令，调整图像颜色；选择【图像】➢【自动对比度】

步骤03 选择【图像】➢【调整】➢【曲线】命令。

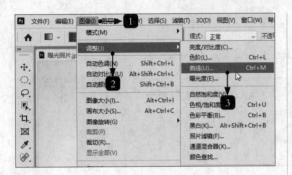

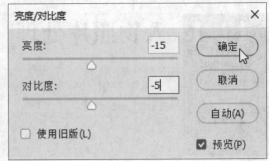

步骤 04 在弹出的【曲线】对话框中，拖拉曲线调整图像的颜色，单击【确定】按钮。

步骤 06 按【Ctrl+B】组合键打开【色彩平衡】对话框，设置【色阶】分别为"49""-9""-21"，单击【确定】按钮。

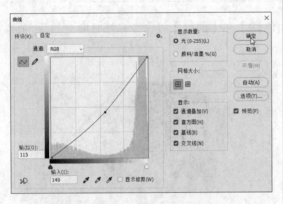

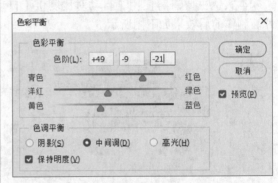

得到如下图所示结果。

调整后的效果如下图所示。

步骤 05 选择【图像】➤【调整】➤【亮度/对比度】命令，在弹出的【亮度/对比度】对话框中调整图像亮度和对比度，然后单击【确定】按钮。

小提示

【自动色调】命令可以增强图像的对比度，在像素平均分布并且需要以简单的方式增强对比度的特定图像中，该命令可以提供较好的结果。在使用Photoshop修复照片的第一步就可使用此命令来调整图像。

11.1.2 调整偏色照片

造成彩色照片偏色的主要原因是拍摄和采光问题，对于这些问题可以用Photoshop的【匹配颜色】和【色彩平衡】命令轻松地修复。修复前后效果如下图所示。

素材 \ch11\ 偏色照片 .jpg

结果 \ch11\ 调整偏色 .jpg

步骤 01 打开"素材\ch11\偏色照片.jpg"文件。

步骤 02 在【图层】面板中，单击选中【背景】图层并将其拖至面板下方的【创建新图层】按钮 ⊞ 上，创建"背景 拷贝"图层。

步骤 03 选择【图像】➤【调整】➤【匹配颜色】命令，在弹出的【匹配颜色】对话框的【图像选项】栏中选中【中和】复选框，单击【确定】按钮。

结果如下图所示。

小提示

使用【匹配颜色】命令能够使一幅图像的色调与另一幅图像的色调自动匹配，这样就可以使不同图片拼合时达到色调统一的效果，或者对照其他图像的色调修改自己的图像色调。

步骤 04 选择【图像】➤【调整】➤【色彩平衡】命令，在弹出的【色彩平衡】对话框中设置【色阶】分别为"+43""-13""-43"，单击【确定】按钮。

比度】命令，在弹出的【亮度/对比度】对话框中拖动滑块调整图像的亮度和对比度（或者设置【亮度】为"-41"，【对比度】为"100"），单击【确定】按钮。

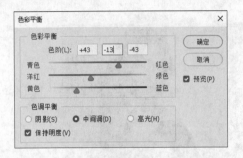

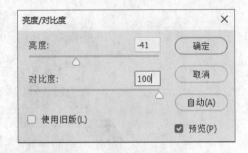

步骤 05 调整后的效果如下图所示。

得到最终效果如下图所示。

步骤 06 选择【图像】➤【调整】➤【亮度/对

11.1.3 更换人物发色

如果觉得头发的颜色不好看，希望尝试新的发色却不知道效果如何，本小节就要讲解如何改变头发的颜色。本示例效果前后对比如下图所示。

素材 \ch11\ 更换发色 .jpg

结果 \ch11\ 更换发色 .psd

步骤 01 打开"素材\ch11\更换发色.jpg"文件。

步骤 02 打开图片后，复制【背景】图层，得到"背景 拷贝"图层。

步骤 03 选择【磁性套索工具】，在选项栏中设置【羽化】的默认值"0"，并勾选【消除锯齿】复选框。使用工具创建选区时，一般不羽化选区。如果需要，可在完成选区后使用【羽化】命令羽化选区。

步骤 04 拖动希望选择的区域，拖动时Photoshop会创建锚点。

步骤 05 单击【属性面板】右侧的【选择并遮住】按钮，打开【选择并遮住】窗口，然后，可以利用【属性面板】中的【画笔】和【橡皮擦】来调整抠图区域，同时可以设置【画笔】及【橡皮擦】的大小。

步骤 06 在调整过程中，适当地增大【边缘检测】半径，以达到更加理想的抠图效果，点击【确定】按钮之后，可以发现人物头发被完全抠取出来。

步骤 07 新建图层，将前景色设置为希望的头发颜色，用【油漆桶工具】填充到选区内。按【Ctrl+D】组合键取消选择。

步骤 08 将发色图层的混合模式改为【柔光】，选择【橡皮擦工具】对边缘部分多出的颜色涂

抹。这样效果就出来了。

11.1.4 美化人物双瞳

　　本实例介绍使用Photoshop中的【画笔工具】和【液化】命令快速地将小眼睛变为迷人的大眼睛的方法。制作前后效果如下图所示。

素材 \ch11\ 小眼睛 .jpg

结果 \ch11\ 小眼变大眼 .jpg

步骤 01 打开"素材\ch11\小眼睛.jpg"文件。

步骤 02 选择【滤镜】➤【液化】命令。

步骤 03 在弹出的【液化】对话框中，在【人脸识别液化】区域展开【眼睛】选项，设置其参数，然后单击【确定】按钮。

步骤 04 修改完成后，小眼睛变迷人大眼睛的最终效果如右图所示。

11.1.5 美白人物牙齿

在Photoshop 2020中应用几个步骤就可以轻松地为人像照片进行牙齿美白。如果对象的牙齿有均匀的色斑，应用此技术可以使最终的人物照看上去好看得多。下图所示为美白牙齿的前后对比效果。

素材 \ch11\ 美白牙齿 .jpg

结果 \ch11\ 美白牙齿 .jpg

可以使用以下步骤美白牙齿。

步骤 01 打开"素材\ch11\美白牙齿.jpg"文件。

步骤 02 使用【套索工具】 在对象的牙齿周围创建选区。

步骤 03 选择【选择】➤【修改】➤【羽化】命令打开【羽化选区】对话框，羽化半径设为1像素。羽化选区可以避免美白的牙齿与周围区域之间出现的锐利边缘。

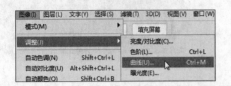

步骤 04 选择【图像】➤【调整】➤【曲线】命令，创建【曲线】调整图层。

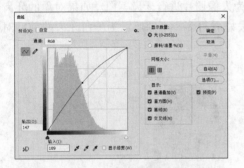

步骤 05 在【曲线】对话框中对曲线进行调整，如下图所示。

步骤 06 选择【图像】➤【调整】➤【色彩平衡】命令调整图层。绘制完成后的最终效果如下图所示。

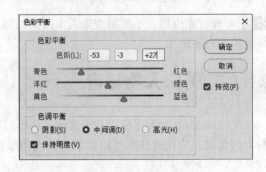

11.1.6 人物手臂瘦身

对自己的手臂较粗不满意的时候可以利用Photoshop的液化工具非常轻松地修改手臂，制作前后效果如下页图所示。

素材 \ch11\ 手臂瘦身 .jpg

结果 \ch11\ 手臂瘦身 .jpg

步骤 01 打开 "素材\ch11\手臂瘦身.jpg" 文件。

步骤 02 复制背景图层。一定要养成这个习惯，即使出现操作不当，也不会损坏原图层。

步骤 03 选择新图层，选择【滤镜】➤【液化】命令。

步骤 04 弹出【液化】对话框，选择左上角第一个【向前变形工具】，并在右侧工具选项调整画笔大小，选择合适的画笔。

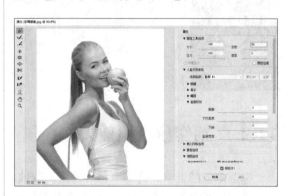

步骤 05 可以用【Ctrl++】组合键放大图片，以便进行细节调整，用画笔点选需要调整的位置，小幅度拖曳，如下图所示。

步骤 06 细心调整达到需要的效果，最终效果如下页图所示。

11.2 风景照片处理

本节介绍风景照片的处理方法，例如对风景照片的调色和后期的调整等。

11.2.1 制作秋色调效果

深邃幽蓝的天空、悄无声息的马路、黄灿灿的法国梧桐树，无论从什么角度，取景框里永远是一幅绝美的图画。但如果天气不给力，树叶不够黄，如何使拍摄的照片更加充满秋天的色彩呢？下面介绍一个简单易学的摄影后期处理方法，制作前后效果如下图所示。

素材 \ch11\ 秋色调效果 .jpg

结果 \ch11\ 秋色调效果 .psd

步骤 01 打开"素材\ch11\秋色调效果.jpg"文件，在【图像】中把图片颜色模式由【RGB颜色】模式改为【Lab颜色】模式。

步骤 02 复制背景图层，把图层改成【正片叠底】的模式，并把图层【不透明度】调为"50%"，如下图所示。

步骤 03 将颜色模式改回RGB，并合并图层。

步骤 04 再次复制图层，并把图层混合模式改为"滤色"，并把不透明度调到"60%"。

步骤 05 在图层中选择【通道混合器】调整图层，调整参数如下图所示。

步骤 06 根据图像需要调整【曲线】，最终效果如下页图所示。

11.2.2 风景照片清晰化

本实例主要使用复制图层、亮度和对比度、曲线和叠加模式等命令处理一幅带有雾蒙蒙效果的风景图，通过处理，让照片重新显示明亮、清晰的效果。制作前后效果如下图所示。

素材 \ch11\ 雾蒙蒙 .jpg 结果 \ch11\ 修复雾蒙蒙 .psd

步骤 01 打开"素材\ch11\雾蒙蒙.jpg"文件。

步骤 02 选择【图层】▶【复制图层】命令，弹出【复制图层】对话框，单击【确定】按钮，即可创建名为"背景拷贝"的复制图层。

步骤 03 选择【滤镜】➤【其他】➤【高反差保留】命令，弹出【高反差保留】对话框。在【半径】文本框中输入"5"像素，单击【确定】按钮。

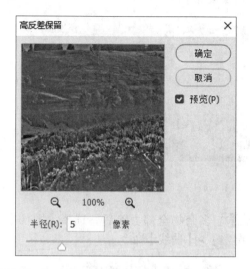

步骤 04 选择【图像】➤【调整】➤【亮度/对比度】命令，弹出【亮度/对比度】对话框。设置【亮度】为"-10"、【对比度】为"30"，单击【确定】按钮。

步骤 05 在【图层】面板中，设置图层模式为【叠加】【不透明度】为80%。

步骤 06 选择【图像】➤【调整】➤【曲线】命令。

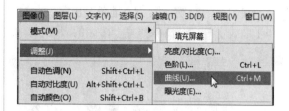

步骤 07 弹出【曲线】对话框，设置输入和输出参数。读者可以根据预览的效果调整不同的参数，直到效果满意为止。

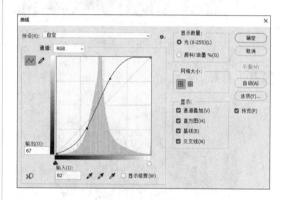

步骤 08 单击【确定】按钮，完成设置，最终效果如下图所示。

11.2.3 去除照片上的多余物

在拍照的时候，照片上难免会出现一些自己不想要的人或物体，下面使用【仿制图章工具】和【曲线】等命令清除照片上多余的人或物。制作前后效果如下图所示。

素材 \ch11\ 多余物.jpg 结果 \ch11\ 去除照片上的多余物.jpg

步骤 01 打开"素材\ch11\多余物.jpg"文件。

步骤 02 选择【仿制图章工具】 ，并在其参数设置栏中进行设置。在需要去除物体的边缘按住【Alt】键吸取相近的颜色，在去除物上拖曳去除。

步骤 03 多余物全部去除后，选择【图像】➤【调整】➤【曲线】命令。

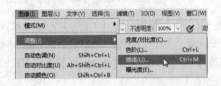

步骤 04 在弹出的【曲线】对话框中拖曳曲线以调整图像亮度（或者在【输出】文本框中输入"142"，在【输入】文本框中输入"121"）。

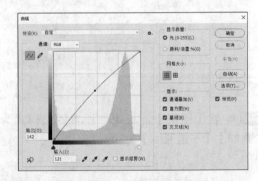

步骤 05 单击【确定】按钮，完成图像的修饰。

11.3 婚纱照片处理

本节介绍婚纱照片的处理方法，例如对婚纱照片的调色和后期的调整等。

11.3.1 为婚纱照片添加相框

本实例主要使用Photoshop 2020【动作】面板中自带的命令为古装婚纱照添加木质画框的效果。制作前后效果如下图所示。

素材 \ch11\ 婚纱照 .jpg   结果 \ch11\ 婚纱照 .psd

步骤 01 打开"素材\ch11\婚纱照.jpg"文件。

步骤 02 选择【窗口】➤【动作】命令，打开【动作】面板。

步骤 03 在【动作】面板中选择【木质画框】，然后单击面板下方的【播放选定动作】按钮▶。

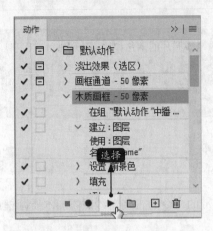

播放完毕的效果如右图所示。

小提示

在使用【木质像框】动作时，所选图片的宽度和高度均不能低于100像素，否则此动作将不可用。

11.3.2 为婚纱照片调色

本实例主要使用Photoshop 2020【动作】面板中自带的命令将艺术照快速设置为棕褐色照片。制作前后效果如下图所示。

素材\ch11\艺术照.jpg

结果\ch11\单色艺术照.psd

步骤 01 打开"素材\ch11\艺术照.jpg"文件。

步骤 02 选择【窗口】➤【动作】命令，打开【动作】面板。

步骤 03 在【动作】面板中选择【棕褐色调（图层）】，然后单击面板下方的【播放选定动作】按钮▶。

播放完毕的效果如右图所示。

在Photoshop 2020中，【动作】面板可以快速为照片设置理想的效果，用户也可以新建动作，为以后快速处理照片准备条件。

11.4 写真照片处理

本节主要介绍如何制作一些图像特效。特效的制作方法非常多，这里只是画龙点睛，读者可以根据自己的创意想法制作出许多不同的图像特效。

11.4.1 制作光晕梦幻效果

本例介绍非常实用的光晕梦幻画面的制作方法。主要使用的是自定义画笔，制作之前需要先做出一些简单的图形，不一定是圆圈，其他图形也可以。定义成画笔后就可以添加到图片上，适当改变图层混合模式及颜色即可，也可以多加几层用模糊滤镜来增强层次感。制作前后效果如下图所示。

素材 \ch11\ 梦幻效果 .jpg

结果 \ch11\ 梦幻效果 .psd

步骤 01 打开"素材\ch11\梦幻效果.jpg"文件，创建一个新图层。

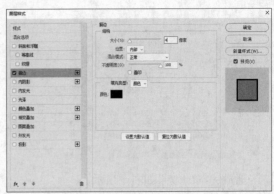

步骤 02 制作所需的笔刷，隐藏背景图层，用【椭圆工具】按住【Shift】键画一个黑色的圆形，填充为"50%"。

步骤 04 选择【编辑】➤【定义画笔预设】，输入名称【光斑】，单击【确定】按钮，这样就制作好笔刷了。

步骤 05 选择画笔工具，按【F5】键调出画笔调板对画笔进行设置。

步骤 03 添加一个黑色描边，选择【图层】➤【图层样式】➤【描边】命令，在打开的【图层样式】对话框中设置参数如右上图所示。

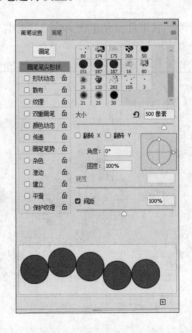

步骤 06 显示【背景图层】，新建【图层2】，把【图层1】隐藏，用刚刚设置好的画笔在【图层2】上点几下（在点的时候，画笔大小按情况而变动）。画笔颜色随自己的喜好，本例使用白色。

步骤 07 光斑还是很生硬，为了使光斑梦幻，层次丰富，可以选择【滤镜】➤【模糊】➤【高斯模糊】命令，设置【半径】为"1.0"，单击【确定】按钮，效果如下图所示。

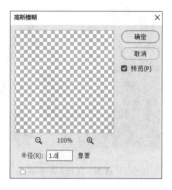

步骤 08 再新建两个图层，按照同样的方法在【图层3】中画出光斑（画笔比第一次要小一

些，模糊半径"0.3"），【图层4】画笔再小
一点，不需要模糊，效果如下图所示。

11.4.2 制作浪漫雪景效果

精湛的摄影技术，加上后期的修饰点缀，才算是一幅完整的作品。下面学习如何打造朦胧
雪景的浪漫冬季，制作前后效果如下图所示。

素材 \ch11\ 雪景效果 .jpg   结果 \ch11\ 雪景效果 .psd

步骤 01 打开"素材\ch11\雪景效果.jpg"文件，创建一个新图层。

步骤 02 选择画笔工具，按【F5】键调出画笔调板对画笔进行设置，如下页图所示。

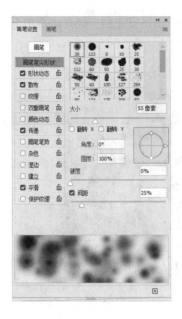

步骤 03 用刚刚设置好的画笔在【图层1】点几下（在点的时候，画笔大小按情况而变化），画笔颜色使用白色。

步骤 04 到了上面一步其实已经算是完成了，但由于雪是反光的，还可以再加上镜头的光斑效果，光斑效果依照上例制作。

步骤 05 选择【滤镜】➤【渲染】➤【镜头光晕】命令加上镜头的光晕效果，最终效果如下图所示。

11.4.3 制作电影胶片效果

胶片质感的影像总是承载着太多难忘的回忆，它那细腻而优雅的画面，令一群数码时代的将士们为之疯狂，这一群体被贴上了"胶片控"的美名。但也有一部分人苦于胶片制作的繁琐，于是运用后期来达到胶片成像的效果。下面学习如何制作电影胶片味十足的文艺相片效果，制作前后效果如下图所示。

素材 \ch11\ 电影胶片效果 .jpg   结果 \ch11\ 电影胶片效果 .psd

步骤 01 打开"素材\ch11\电影胶片效果.jpg"文件，复制背景图层。

步骤 02 选择【图像】➤【调整】➤【色相/饱和度】命令。

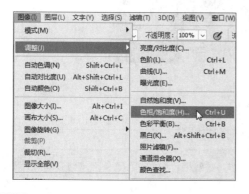

步骤 03 参照下图的【色相】【饱和度】和【明度】的参数进行调节。

步骤 04 选择【图像】➤【调整】➤【色相/饱和度】命令，选择"蓝色"，并用吸管工具点选天空蓝色的颜色，参照下图的【色相】【饱和度】和【明度】的参数进行调节。

步骤 05 在图层面板上为图像添加【照片滤镜】效果，选择黄色的滤镜，效果如下图所示。

步骤 06 选择【滤镜】➤【杂色】➤【添加杂色】命令，添加杂色效果。

步骤 07 如果有合适的划痕画笔，可以添加适当的划痕效果，最终效果如下图所示。

11.5 中老年人照片处理

本节主要介绍如何为中老年人照片制作一些效果，例如制作证件照和修复老照片等。

11.5.1 制作老人证件照

本实例主要使用【移动工具】和【磁性套索工具】等工具将一张普通的照片调整为一张证件照，制作前后效果如下页图所示。

素材 \ch11\ 大头 .jpg

结果 \ch11\ 证件照片 .psd

步骤 01 单击【文件】>【新建】命令。在弹出的【新建文档】对话框中创建一个【宽度】为"2.7厘米"、【高度】为"3.8厘米"、【分辨率】为"200像素/英寸"、【颜色模式】为"CMYK颜色"的新文件，单击【创建】按钮。

此时，即可新建一个空白文档。

步骤 02 打开【拾色器（背景色）】对话框，设

置颜色为（C：100，M：0，Y：0，K：0），单击【确定】按钮。

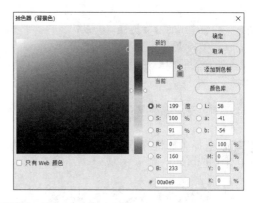

步骤 03 按【Ctrl+Delete】组合键填充颜色，如下图所示。

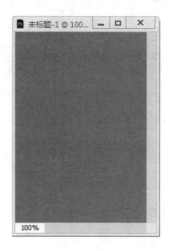

步骤 04 打开"素材\ch11\大头.jpg"文件。

步骤 05 在【图层】面板的【背景】层上双击为图层解锁，变成【图层0】。

步骤 06 选择【磁性套索工具】，在人物背景上建立选区。

步骤 07 选择【选择】➤【反向】命令，反选选区。

步骤 08 选择【选择】➤【修改】➤【羽化】命令。在弹出的【羽化选区】对话框中设置【羽化半径】为"1"像素，单击【确定】按钮。

步骤 09 使用【移动工具】将素材图片拖入前面步骤制作的证件照片的背景图中。按【Ctrl+T】组合键选择【自由变换】命令，调整大小及位置。

小提示

1英寸的标准是25毫米×36毫米（误差正负1毫米），外边的白框（大小在2毫米左右）不算在内。

11.5.2 将旧照片翻新

家里总有一些泛黄的旧照片，大家可以通过Photoshop 2020来修复这些旧照片。本实例主要使用【污点画笔修复工具】【色彩平衡】命令和【曲线】命令等处理老照片。处理前后效果如下图所示。

素材 \ch11\ 旧照片 .jpg   结果 \ch11\ 旧照片 .jpg

步骤 01 打开"素材\ch11\旧照片.jpg"文件。

步骤 02 选择【污点修复画笔工具】，并在参数设置栏中进行如下图所示的设置。

步骤 03 将鼠标指针移到需要修复的位置，然后

在需要修复的位置单击鼠标即可修复划痕。

步骤 04 对于背景大面积的污渍，可以选择【修复画笔工具】，将鼠标指针移到需要修复的位置，按住【Alt】键，在需要修复的附近单击鼠标左键进行取样，然后在需要修复的位置单击鼠标即可去除污渍。

步骤 05 选择【图像】➤【调整】➤【色相/饱和度】命令，在弹出的【色相/饱和度】对话

框的【色阶】选项中依次输入【色相】值为
"+5"、【饱和度】值为"30"。

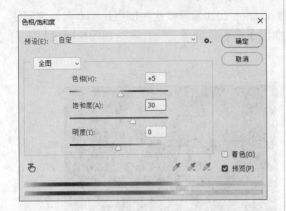

步骤 06 单击【确定】按钮，效果如下图所示。

步骤 07 选择【图像】➤【调整】➤【亮度/对比度】命令，在弹出的【亮度/对比度】对话框中，拖动滑块调整图像的亮度和对比度（或者设置【亮度】为"8"，【对比度】为"62"）。

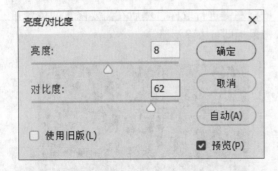

步骤 08 单击【确定】按钮，效果如右上图所示。

小提示

处理旧照片主要是修复划痕和调整颜色，因为旧照片通常都泛黄，因此在使用【色彩平衡】命令时应该相应地降低黄色成分，以恢复照片本来的黑白效果。

步骤 09 选择【图像】➤【调整】➤【自然饱和度】命令，在弹出的【自然饱和度】对话框中，调整图像的【自然饱和度】为"100"，单击【确定】按钮。

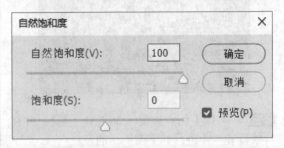

得到如下图所示结果。

步骤 10 选择【图像】➤【调整】➤【色阶】命令，在弹出的【色阶】对话框中，调整色阶参数如下页图所示。

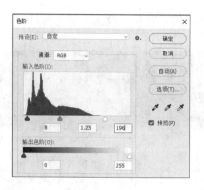

步骤⑪ 单击【确定】按钮，最终效果如右图所示。

11.6 儿童照片处理

本节主要介绍如何为儿童照片制作一些效果，如调整照片的角度和合成照片等。

11.6.1 调整儿童照片角度

本实例主要是利用【标尺工具】将儿童照片调整为趣味的倾斜照片效果，制作前后效果如下图所示。

素材 \ch11\ 倾斜照片 .jpg

结果 \ch11\ 倾斜照片 .jpg

步骤⑩ 打开"素材\ch11\倾斜照片.jpg"文件。

步骤 02 选择【标尺工具】 ，在画面中拖曳出一条倾斜的度量线。

步骤 03 选择【窗口】➤【信息】命令，打开【信息】面板。

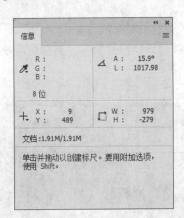

步骤 04 选择【图像】➤【图像旋转】➤【任意角度】命令，打开【旋转画布】对话框，设置【角度】为"23.41"，然后单击【确定】按钮。

得到旋转图片，效果如下图所示。

步骤 05 选择【裁剪工具】 ，修剪图像。

步骤 06 修剪完毕后按【Enter】键确定，最终效果如下图所示。

10.6.2 制作大头贴效果

本实例主要使用【画笔工具】【渐变填充工具】和【反选】命令等制作大头贴的效果，制作前后效果如下图所示。

素材 \ch11\ 大头贴 .jpg

结果 \ch11\ 制作大头贴 .psd

步骤 01 选择【文件】➤【新建】命令，在弹出的【新建】对话框中创建一个【宽度】为12厘米、【高度】为12厘米、【分辨率】为72像素/英寸、【颜色模式】为RGB模式的新文件，单击【创建】按钮。

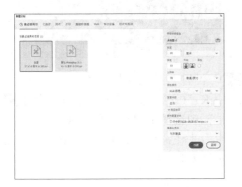

步骤 02 单击【确定】按钮，新建一个空白文档。

步骤 03 单击工具箱中的【渐变工具】■，单击工具属性栏中的【点按可编辑渐变】按钮 ，在弹出【渐变编辑器】对话框中设置【橙色、蓝色、洋红、黄色】的渐变色，单击【确定】按钮。

步骤 04 选择【角度渐变】，然后在画面中使用鼠标由画面中心向外拖曳，填充渐变。

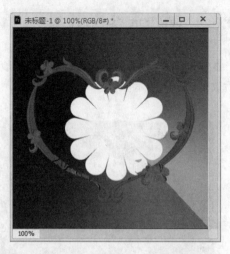

步骤 05 设置前景色为白色，选择【自定形状工具】。在属性栏中选择【像素】和【点按可打开"自定形状"拾色器】按钮，在下拉框中选择"花6"图案。

步骤 08 按【Ctrl+T】组合键调整"花边"的位置和大小，并调整图层顺序。

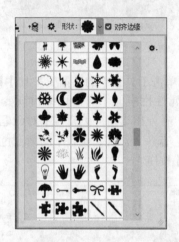

步骤 06 新建一个图层，在画布中用鼠标拖曳出花形形状，并调整大小及位置。

步骤 09 设置前景色为粉色（C：0，M：11，Y：0，K：0），选择【自定形状工具】。在属性栏中选择【像素】和【点按可打开"自定形状"拾色器】按钮，在下拉框中选择"十角星边框"图案。

步骤 07 打开"素材\ch11\花边.psd"素材图片，选择【移动工具】将花边图像拖曳到文档中。

步骤 10 新建一个图层，拖曳鼠标在图层上进行如下页图所示的绘制，在绘制时可不断更换画笔以使画面更加丰富。

步骤⑪ 打开"素材\ch11\大头贴.jpg"文件。选择【移动工具】▶₊将大头贴图片拖曳到文档中。

步骤⑫ 按【Ctrl+T】组合键调整"大头贴"的位置和大小，并调整图层的顺序。

步骤⑬ 在【图层】面板中按【Ctrl】键的同时单击【花形】图层前的【图层缩览图】，将花

形载入选区。

步骤⑭ 按【Ctrl+Shift+I】组合键反选选区，然后选择大头贴图像所在的图层，按【Delete】键删除。

步骤⑮ 按【Ctrl+D】组合键取消选区，并保存图像为"制作大头贴.psd"，最终效果如下图所示。

> **小提示**
>
> 制作大头贴的时候，读者可根据自己的审美和喜好设计模板，也可以直接从网上下载自己喜欢的模板，然后直接把照片套进去。

高手支招

在拍摄人物照片的过程中经常会遇到曝光过度、图像变暗等问题，这是由于天气原因或拍摄方法不当所引起的，那么在拍摄人物照片时应该注意哪些问题呢？

技巧1：照相空间的设置

不要留太多的头部空间。如果人物头部上方留太多空间会给人拥挤、不舒展的感觉。一般情况下，被摄体的眼睛在景框上方1／3的地方。也就是说，人的头部一定要放在景框的上1／3的部分，这样就可以避免"头部空间太大"的问题。这个问题非常简单，但往往被人忽略。

技巧2：如何在户外拍摄人物

在户外拍摄人物时，一般不要到阳光直射的地方，特别是在光线很强的夏天。但是，如果由于条件所限必须在这样的情况下拍摄时，则需要让被摄体背对阳光，这就是人们常说的"肩膀上的太阳"规则。这样，被摄体的肩膀和头发上就会留下不错的边缘光效果（轮廓光）。然后再用闪光灯略微（较低亮度）给被摄体的面部足够的光线，就可以得到一张与周围自然光融为一体的完美照片。

技巧3：如何在室内拍摄

人们看照片时，首先是被照片中最明亮的景物所吸引，所以要把最亮的光投射到你希望的位置。室内人物摄影，毫无疑问被摄体的脸是最引人注目的，那么最明亮的光线应该在脸上，然后逐渐沿着身体往下而变暗，这样就可增加趣味性、生动性和立体感。

第 **12** 章

Photoshop 2020在艺术设计中的应用

 学习目标

本章学习使用Photoshop 2020解决我们身边所遇到的问题，如房地产广告设计、海报设计和包装设计等。

 **学习效果**

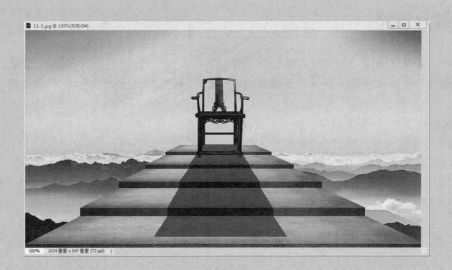

12.1 广告设计——房地产广告

本节主要学习如何综合运用各种工具设计一张房地产广告。下面介绍广告设计处理的方法和思路，以及通常使用的工具等。

12.1.1 案例概述

本实例主要使用【画笔工具】【图层蒙版】【移动】和【填充】等工具设计一张整体要求大气高雅的房地产广告。制作效果前后如下图所示。

素材 \ch12\1.jpg

结果 \ch12\ 房地产广告 .psd

12.1.2 设计思路

本房地产广告设计采用三段式版式设计，上部分主要表现房地产项目的广告策划文案，中间部分表现房地产项目的预期建设效果，下部分表现房地产项目的的具体地址、公司和内容等相关信息。

歆碧御水山庄（概念+情节演绎，像一部言情小说）

（1）属性定位：园境，歆碧御水山庄

（2）广告语：生活因云山而愉悦，居家因园境而尊贵

（3）园境文案

（4）小户型楼书，亦是"生存态"读本

12.1.3 涉及知识点与命令

房地产开发商要加强广告意识，不仅要使广告发布的内容和行为符合有关法律、法规要求，而且要合理控制广告费用投入，使广告能起到有效的促销作用。这就要求开发商和代理商重视和加强房地产广告策划。但实际上，不少开发商在营销策划时，只考虑具体广告的实施计划，如广告的媒体、投入力度、频度等，而没有深入、系统地进行广告策划。因而有些房地产广告的效果不如人意，难以取得营销佳绩。随着房地产市场竞争日趋激烈，代理公司和广告公司的深层次介入，广告策划已成为房地产市场营销的客观要求。

房地产广告从内容上分有以下三种。

第一是商誉广告。它强调树立开发商或代理商的形象。

第二是项目广告。它树立开发地区、开发项目的信誉。

第三是产品广告。它是为某个房地产项目的推销而做的广告。

12.1.4 广告设计步骤

通过本实例的学习，将使读者学习如何运用Photoshop 2020软件完成此类平面广告设计的绘制方法。下面是此平面广告效果的绘制过程。

1. 新建文件并填充背景色

步骤01 选择【文件】➤【新建】命令。

步骤02 在弹出的【新建文档】对话框中设置名称为"房地产广告"。设置宽度为"28.9厘米"，高度为"42.4厘米"，分辨率为"300像素/英寸"，颜色模式为"CMYK颜色"模式，单击【创建】按钮。

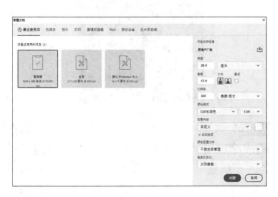

步骤03 单击【确定】按钮。

步骤04 在工具箱中单击【设置前景色】按钮，在【拾色器（背景色）】对话框中设置颜色（C：50，M：100，Y：100，K：0），单击【确定】按钮。

步骤 05 按【Alt+Delete】组合键填充背景，如下图所示。

步骤 06 新建一个图层，单击工具箱中的【矩形选框工具】，创建一个矩形选区并填充土黄色（C：25，M：15，Y：45，K：0）。

2. 使用素材文件并调整色调

步骤 01 打开"素材\ch12\1.jpg"文件。

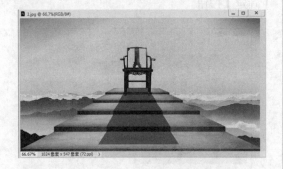

步骤 02 使用【移动工具】➕ 将天空素材图片拖入背景中，按【Ctrl+T】组合键选择【自由变换】命令调整到合适的位置。

步骤 03 新建一个图层，单击工具箱中的【矩形选框工具】，创建一个矩形选区并填充黄色（C：5，M：20，Y：60，K：0）。

步骤 04 单击工具栏中的【加深工具】 对红色底纹部分图像进行加深处理，效果如下图所示。

步骤 05 选择一张邮票素材，用【钢笔工具】 描绘出形状，按【Ctrl+Enter】组合键获得选区，新建一个图层绘制图形，并填充深蓝色（C：100，M：90，Y：20，K：0），效果如下页图所示。

3. 添加素材文件

步骤 01 打开"素材\ch12\鸽子.psd"文件。

步骤 02 使用【移动工具】⊕将鸽子素材图片拖入背景中，按【Ctrl+T】组合键选择【自由变换】命令调整到合适的位置。

步骤 03 将该鸽子图层的图层不透明度值设置为90%，使图像和背景有一定的融合。

4. 添加广告文字和标志

步骤 01 打开"素材\ch12\文字01.psd和文字02.psd"文件。

步骤 02 使用移动工具⊕将"文字01.psd"和"文字02.psd"素材图片拖入背景中，按【Ctrl+T】组合键选择【自由变换】命令调整到合适的位置。

5. 添加广告标志和宣传图片

步骤 01 打开"素材\ch12\标志.psd"文件。

步骤 02 使用【移动工具】将"标志.psd"素材图片拖入背景中，然后按【Ctrl+T】组合键选择【自由变换】命令调整到合适的位置。

步骤 03 打开"素材\ch12\宣传图.psd、交通图.psd和公司地址.psd"文件。

步骤 04 使用【移动工具】将"宣传图.psd""交通图.psd"和"公司地址.psd"素材图片拖入背景中，然后按【Ctrl+T】组合键选择【自由变换】命令调整到合适的位置，选中"交通图"和"公司地址"图层，按【Ctrl+I】组合键进行反相操作。至此一幅完整的房地产广告设计完成。

12.2 海报设计——饮料海报

本节主要学习如何综合运用各种工具设计一张海报设计。下面介绍海报设计处理的方法和思路，以及通常使用的工具等。

12.2.1 案例概述

本实例主要使用【椭圆工具】【画笔工具】【钢笔工具】和【渐变填充工具】制作一张具有时尚感的饮料海报，效果如下图所示。

素材 \ch12\ 橙子图片 .psd

结果 \ch12\ 饮料海报 .psd

12.2.2 设计思路

饮料是属于大众消费品，以儿童喜爱居多，所以饮料海报的设计定位为大众消费群体，也适合不同层次的消费群体。

饮料海报在设计风格上，运用诱人的饮料照片和鲜艳的颜色及醒目的商标相结合手法，既突出了主题，又表现出其品牌固有的文化理念。

在色彩运用上，以橙色效果为主，突出该产品"天然"的特点。图片上运用蓝色背景，与饮料的橙色更好地呼应了时尚感。

12.2.3 涉及知识点与命令

在本节所讲述的饮料海报的设计过程中，首先应清楚该海报所表达的的意图，认真地构思定位，然后再仔细绘制出效果图。

1. 设计表达

在整个设计中，充分考虑到文字、色彩与图形的完美结合，在同类产品海报中，浓烈地体现季节性色彩效果是非常有吸引力的一种。

2. 材料工艺

此包装材料采用175g铜版纸不干胶印刷，方便粘贴。

3. 设计重点

在进行此招贴的设计过程中，运用到Photoshop软件中的图层及文字等命令。

12.2.4 海报设计步骤

下面详细介绍此海报设计效果的绘制过程。

第1步：新建文件并设置渐变色

步骤 01 选择【文件】➤【新建】命令。

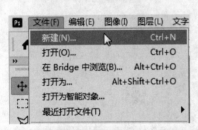

步骤 02 在弹出的【新建】对话框中设置名称为"饮料海报"，创建一个宽度为"210毫米"、高度为"297毫米"、分辨率为"100像素/英寸"、颜色模式为"CMYK颜色"的新文件，单击【创建】按钮。

创建一个空白文档。

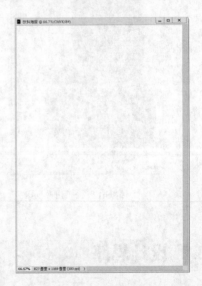

步骤 03 单击工具箱中的【渐变工具】■，，单击工具选项栏中的【点按可编辑渐变】按钮■■■。

步骤 04 在弹出【渐变编辑器】对话框中单击颜色条右端下方的【色标】按钮，添加从浅蓝色（C：13，M：6，Y：11，K：0）到蓝色（C：41，M：15，Y：18，K：0）的渐变颜色，单击【确定】按钮。

步骤 05 在画面中使用鼠标由上至下地拖曳进行从蓝色到浅蓝色的径向渐变填充。

第2步：使用素材

步骤 01 打开"素材\ch12\橙子图片.psd"文件。

步骤 02 使用【移动工具】将橙子素材图片拖入背景中，按【Ctrl+T】组合键选择【自由变换】命令调整到合适的位置，并调整图层顺序。

步骤 03 选择【椭圆选框工具】绘制一个椭圆形，然后删除橙子素材图片内图像，如下图所示。

步骤 04 选择【矩形选框工具】绘制一个矩形，然后删除橙子素材图片内图像，如下图所示。

步骤 05 打开"素材\ch12\2.jpg"文件。

步骤 06 使用【磁性套索工具】选择海岛图像，然后使用【移动工具】 ✛将海岛素材图片拖入背景中，按【Ctrl+T】组合键选择【自由变换】命令调整到合适的位置，并调整图层顺序。

步骤 02 使用【移动工具】 ✛将素材图片拖入背景中，按【Ctrl+T】组合键选择【自由变换】命令调整到合适的位置，并调整图层顺序。

步骤 07 新建一个图层，放在海岛图层的下方，选择【椭圆选框工具】绘制一个椭圆形，然后填充橙色（C：0，M：37，Y：54，K：0），并使用【加深工具】和【减淡工具】调整颜色效果如下图所示。

步骤 03 打开"素材\ch12\商标.psd"文件。

第3步：添加素材图片

步骤 01 打开"素材\ch12\饮料盒.psd"文件。

步骤 04 使用【移动工具】 ✛将商标素材图片拖入背景中，按【Ctrl+T】组合键选择【自由变换】命令调整到合适的位置，并调整图层顺序。

第4步：绘制细节

步骤 01 复制橙子饮料图层。

步骤 02 按【Ctrl+T】组合键选择【自由变换】命令调整到合适的位置，并调整图层顺序来制作倒影效果。

步骤 03 打开"素材\ch12\3.psd"文件。

步骤 04 使用【磁性套索工具】选择白云图像，然后使用【移动工具】将白云素材图片拖入背景中，按【Ctrl+T】组合键选择【自由变换】命令调整到合适的位置，并调整图层顺序。

步骤 05 使用【图像】➤【调整】➤【曲线】命令调整整个橙子瓶和海岛图像的亮度，最终效果如下图所示。

小提示

在产品海报的设计上，读者应根据不同的产品来定位整个海报的主题颜色、字体类型及版式排列，如女性化妆品的整体色彩应该是时尚、雅致、字体柔和，而食品的海报则是鲜艳、干净的，并且字体醒目。

12.3 包装设计——水果糖外包装

本节主要学习如何综合运用各种工具设计一张包装设计。下面介绍包装设计处理的方法和思路，以及通常使用的工具等。

12.3.1 案例概述

本实例主要使用了各类命令制作一幅整体要求色彩清新亮丽、图片清晰的食品包装图片。

素材 \ch12\ 果汁 .psd

素材 \ch12\ 标志 .psd

结果 \ch12\ 正面展开图 .psd

结果 \ch12\ 立体效果 .psd

12.3.2 设计思路

包装设计在风格上，运用诱人的真实糖果和鲜艳的水果照片及醒目的字体相结合手法，既突出主题，又表现出其品牌固有的文化理念。

在色彩运用上，以水果的橙色效果为主，突出该产品的"味道"的特点。字体上运用蓝色和红色，在橙色背景下更好地呼应了产品的美感和口感。

12.3.3 涉及知识点与命令

在本节所讲述的包装设计的过程中，首先应认真地构思定位，然后再仔细绘制出效果图，主要使用到以下工具。

1.【多边形套索工具】

2.【画笔工具】

3.【渐变填充工具】

12.3.4 包装设计步骤

下面详细介绍此包装设计效果的绘制过程。

1. 新建文件

步骤 01 选择【文件】➤【新建】命令新建一个名称为"正面展开图"，大小为140毫米×220毫米、颜色模式为CMYK的文件，如下图所示。

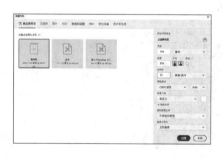

步骤 02 在新建文件中，创建4条离边缘距离为

1厘米的辅助线，选择【视图】➤【新建参考线】命令。分别在水平1厘米和21厘米与垂直1厘米和13厘米位置新建参考线，如下图所示。

步骤 03 在图层面板上单击【创建新图层】按钮 ⊞ 新建一个图层【图层1】。

步骤 04 为该图层填充一个从淡绿色到白色的渐变色，渐变设置为0%与100%位置上为C: 69、M: 0、Y: 99、K: 0，100%为白色的颜色渐变，应用填充后如下图所示。

2. 使用素材文件并输入文字

步骤 01 打开"素材＼ch12＼水果.psd"文件，将其复制至包装效果文件中，文件将自动生成"图层2"。按【Ctrl+T】组合键选择【自由变换】命令调整图案到适当的大小后如下图所示。

步骤 02 选择"横排文字工具"，分别在不同图层中输入英文字母"FRUCDY"，再进行字符设置，将字体颜色设置为白色，效果如下图所示。

步骤 03 选择【挑选工具】调整各个字母的位置，选取字母"F"然后在字符面板中设置其大小为196.7。用相同的方法设置其他字母的大小，效果如下图所示。

步骤 04 按住【Ctrl】键，在图层面板上选择所有的字母图层，再按【Ctrl＋E】组合键选择【合并图层】命令合并所有字母图层，效果如下图所示。

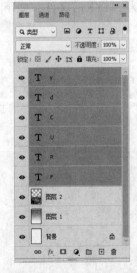

步骤 05 按住【Ctrl】键，在图层面板上单击字母图层上的【图层缩览图】选取字母，为其填充一个从红色到黄色的渐变色，渐变设置为0%与100%位置上为C: 0、M: 100、Y: 100、K: 0，100%为C: 0、M: 0、Y: 100、K: 0的颜色渐变，应用填充后效果如下页图所示。

步骤 06 扩大字母选框制作字母底纹，选取字母后，选择【选择】➤【修改】➤【扩展】命令打开【扩展选取】对话框，设置扩展量为5，单击【确定】按钮，效果如下图所示。

步骤 07 选择【矩形选框工具】，并在属性栏中选择【添加到选区】按钮将没有选中的区域加选进去，效果如右上图所示。

步骤 08 在图层面板上新建一个图层，并填充为蓝色（C：87，M：76，Y：0，K：0），效果如下图所示。

步骤 09 选择蓝色底纹图层，为其描上白色的边，选择【编辑】➤【描边】命令，打开【描边】对话框，设置颜色为白色，其他的参数设置如下图所示。

步骤 10 用同样的方式为字母也描上白色的边框，宽度设置为1，如下图所示。

3. 调入商标素材

步骤 01 将底纹和字母图层进行合并，然后选择"文字工具" 输入英文字母"FRUITCANDR"，如下图所示进行"字符"设置，字体颜色设置为白色。

步骤 02 在图层面板将两个字母图层同时选中来调整方向，使主体更加具有冲击力，效果如下图所示。

步骤 03 打开"\素材\ch12\标志2.psd"文件。

步骤 04 将其拖动到包装文件中，调整到适当的大小和位置，如下图所示。

步骤 05 打开"素材\ch12\果汁.psd"文件，将其复制到效果文件中，调整到适当的大小和位置后，调整果汁的颜色来呼应主题。

步骤 06 选择【图像】➤【调整】➤【色相/饱和度】命令调整颜色，参数设置如下图所示。

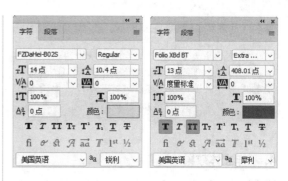

步骤 07 选择【横排文字工具】，分别输入"超级牛奶糖"等字体，大小设置为"28"，英文字大小为"12"，颜色均为"红色"，其他设置如下图所示。

步骤 09 在图层样式中添加描边效果，具体参数设置如下图所示。

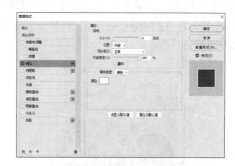

步骤 10 打开"素材\ch12\奶糖.psd"文件，将其复制到效果文件中，调整到适当的大小和位置后，调整奶糖的不透明度，使主次分明，在图层面板中设置其不透明度为"74%"，效果如下图所示。

步骤 08 继续使用文字工具输入其他的文字内容，设置"NET"等文字，字体为"黑体"，大小为"10"、颜色为"黄色"，"THE TRAD"等字体颜色为"红色"，大小为"12"。

本实例中大量使用了自定义形状中图形。自定义形状图形是非常方便快捷的一个工具，里面有大量的图形可供选择，还可以编辑，在设计中读者可以灵活地结合一些图案为设计添彩增色。

4. 制作立体效果

步骤 01 按【Ctrl+S】组合键，将绘制好的正面包装效果文件保存，打开前面绘制的正面平面展开图，选择【图像】➤【复制】命令对图像进行复制，按【Shift+Ctrl+E】组合键合并复制图像中的可见图层。

步骤 02 选择【文件】➤【新建】命令，新建一个大小为270毫米×220毫米、分辨率为300像素/英寸、模式为CMYK的文件，如下图所示。

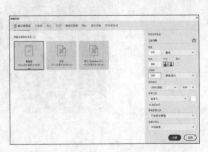

步骤 03 将包装的正面效果图像复制到新建文件中，调整到适当的大小，如下图所示。

步骤 04 制作出包装袋上的撕口，选择【矩形选框工具】□在包装袋的左上侧选择撕口部分，再按【Delete】键删除选区部分。同理绘制右侧撕口如下图所示。

步骤 05 在图层面板上单击【创建新图层】按钮□，新建一个图层，使用【钢笔工具】 绘制一个工作路径并转化为选区，将其填充为黑色，如下页图所示。

步骤 06 在图层面板中设置该图层的不透明度为"20%"。使用【橡皮擦工具】 在图像左下方进行涂抹，如下图所示。

步骤 07 使用同样的操作方法绘制包装袋其他位置上的明暗效果，如下图所示。

器】对话框预设中的【透明彩虹渐变】，并使用【角度渐变】方式进行填充，如下图所示。

5. 制作投影效果

步骤 01 选择背景图层，为其填充【渐变编辑

步骤 02 新建一个图层，将绘制好的包装复制一个，使用黑色进行填充，对其应用半径值为3的

羽化效果，将图层不透明度设置为"50%"，并调整图层位置，如下图所示。完成所有操作后，对图像进行保存。

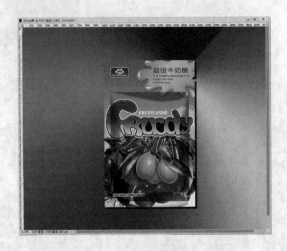

 高手支招

技巧1：了解海报设计所遵循的原则

对于每一名平面设计师来说，海报设计都是一个挑战。作为在二维平面空间中的海报，它的用途数不胜数，其表现题材从广告到公共服务公告等无所不包。设计师的挑战是要使设计出来的海报能够吸引人，而且能传播特定信息，从而最终激发观看的人。

因此，在创作广告、海报和包装设计时，就需要遵循一些创作的基本原则，这些原则能对设计师在设计海报时有所帮助。

（1）图片的选择。图片的作用是简化信息，因此应避免过于复杂的构图。图片通常说明所要表现的产品是什么、由谁提供或谁要用它。

（2）排版的能力。由于海报上的文字总是非常浓缩，所以海报文字的排版非常重要。

（3）字体的设计。设计师选择的字体样式、文字版面及文字与图片之间的比例，将决定所要传达的信息是否能够让人易读易记。

技巧2： 广告设计术语

广告设计术语是我们在日常工作中经常遇到的一些名词。掌握这些术语，有助于同行之间的交流与沟通，规范行业的流程。

1. 设计

设计（design）指美术指导和平面设计师如何选择和配置一条广告的美术元素。设计师选择特定的美术元素并以独特的方式对它们加以组合，以此定下设计的风格，即某个想法或形象的表现方式。在美术指导的指导下，几名美工制作出广告概念的初步构图，然后再与文案配合，拿出自己的平面设计专长（包括摄影、排版和绘图），创作出最有效的广告或手册。

2. 布局图

布局图（layout）指一条广告所有组成部分的整体安排，包括图像、标题、副标题、正文、口号、印签、标志和签名等。

布局图有以下几个作用：首先，布局图有助于广告公司和客户预先制作并测评广告的最终形象和感觉，为客户（他们通常都不是艺术家）提供修正、更改、评判和认可的有形依据。其次，布局图有助于创意小组设计广告的心理成分，即非文字和符号元素；精明的广告主不仅希望广告给自己带来客源，而且希望（如果可能的话）广告为自己的产品树立某种个性——形象，在消费者心目中建立品牌（或企业）资产；要做到这一点，广告的"模样"必须明确表现出某种形象或氛围，反映或加强产品的优点；因此在设计广告布局初稿时，创意小组必须对产品或企业的预期形象有很强的意识。再次，挑选出最佳设计之后，布局图便发挥蓝图的作用，显示各个广告元素所占的比例和位置；一旦制作部了解了某条广告的大小、图片数量、排字量以及颜色和插图等美术元素的运用，他们便可以判断出制作该广告的成本。

3. 小样

小样（thumbnail）是美工用来具体表现布局方式的大致效果图。小样通常很小（大约为3英寸×4英寸），省略了细节，比较粗糙，是最基本的东西。直线或水波纹表示正文的位置，方框表示图形的位置。然后再对中选的小样做进一步的发展。

4. 大样

在大样中，美工画出实际大小的广告，提出候选标题和副标题的最终字样，安排插图和照片，用横线表示正文。广告公司可以向客户，尤其是在乎成本的客户提交大样，以征得他们的认可。

5. 末稿

到末稿（comprehensive layout/comp）这一步，制作已经非常精细，几乎与成品一样。末稿一般很详尽，有彩色照片、确定好的字体风格、大小和配合用的小图像，再加上一张光喷纸封套。现在，末稿的文案排版以及图像元素的搭配等都是由计算机来执行的，打印出来的广告如同四色清样一般。到了这一阶段，所有的图像元素都应当最后落实。

6. 样本

样本应体现手册、多页材料或售点陈列被拿在手上的样子和感觉。美工借助彩色记号笔和计算机清样，用手把样本放在硬纸上，然后按照尺寸进行剪裁和折叠。例如，手册的样本是逐页装订起来的，看起来与真的成品一模一样。

7. 版面组合

交给印刷厂复制的末稿，必须把字样和图形都放在准确的位置。现在，大部分设计人员采用计算机来完成这一部分工作，完全不需要拼版这道工序。但有些广告主仍保留着传统的版面组合方式，在一张空白版（又叫拼版pasteup）上按照各自应处的位置标出黑色字体和美术元素，再用一张透明纸覆盖在上面，标出颜色的色调和位置。由于印刷厂在着手复制之前要用一部大型制版照相机对拼版进行照相，设定广告的基本色调、复制件和胶片，因此印刷厂常把拼版称为照相制版。

设计过程中的任何环节——直至油墨落到纸上之前——都有可能对广告的美术元素进行更改。当然这样一来，费用也会随着环节的进展而成倍地增长，越往后更改的代价就越高，甚至可能高达10倍。

8. 认可

文案人员和美术指导的作品始终面临着"认可"这个问题。广告公司越大，客户越大，这道手续就越复杂。一个新的广告概念首先要经过广告公司创意总监的认可，然后交由客户部审核，再交由客户方的产品经理和营销人员审核，他们往往会改动一两个字，有时甚至推翻整个的表现方式。双方的法律部可再对文案和美术元素进行严格的审查，以免发生问题。最后，企业的高层主管对选定的概念和正文进行审核。

在"认可"中面对的最大困难是：如何避免让决策人打破广告原有的风格。创意小组花费了大量的心血才找到有亲和力的广告风格，但一群不是文案、不是美工的人却有权全盘改动它。保持艺术上的纯洁相当困难，需要耐心、灵活、成熟以及明确有力地表达重要观点，解释美工的选择理由的能力。

第 13 章

Photoshop 2020在淘宝美工中的应用

使用Photoshop 2020不仅可以处理图片，而且可以进行淘宝美工设计。本章主要介绍淘宝美工设计的具体案例。

13.1 淘宝美工之皮具修图

本实例主要学习如何综合运用各种工具对淘宝中的皮具图片进行修图处理，以达到表现皮具美观的效果，效果如下图所示。

素材 \ch13\1.jpg   结果 \ch13\ 皮具修图 .psd

下面详细介绍淘宝美工之皮具修图的绘制过程。

步骤 01 打开"素材\ch13\1.jpg"文件。

步骤 02 在【图层】面板中，单击选中【背景】图层并将其拖至面板下方的【创建新图层】按钮上，创建【背景 拷贝】图层。

步骤 03 选择【魔术棒工具】对皮包进行抠图处理，对皮包进行抠图后复制出一个单独的图层。

步骤 04 抠好图层后，开始分析光线，发现包盖是修图的重点，于是抠出包盖如下图所示。

步骤 05 选择【加深工具】◎，对包盖的暗部进行涂抹创建出暗部效果，前后对比效果如下图所示。

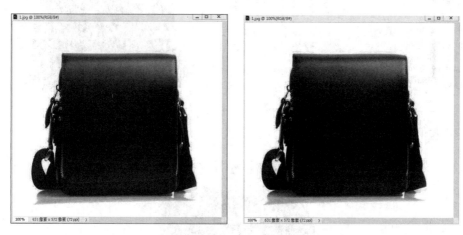

步骤 06 选择【减淡工具】🔍，对包盖的亮部进行涂抹创建出亮部效果，前后对比效果如下图所示。

步骤 07 在图层面板上选择皮包图层，选择【加深工具】◎，对包盖在皮包的阴影部分进行涂抹创建出投影效果，前后对比效果如下页图所示。

步骤 08 对除包盖之外的皮包图层添加一个【曲线】调整，增加明暗对比度，以增加立体感。

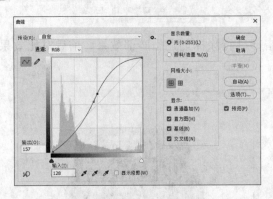

步骤 09 把皮包上的五金用锐化工具进行处理、提亮。

步骤 10 根据需要整体调整亮度和对比度，或者整体的色调，修图前后效果如下图所示。

13.2 淘宝美工之首饰修图

本实例主要学习如何综合运用各种工具对淘宝中的珠宝首饰图片进行修图处理，以达到表现珠宝首饰灿烂夺目的效果，效果如下图所示。

素材 \ch13\2.jpg

结果 \ch13\ 首饰修图 .psd

下面详细介绍淘宝美工之首饰修图的绘制过程。

步骤 01 打开"素材\ch13\2.jpg"文件。

步骤 02 在【图层】面板中，单击选中【背景】图层并将其拖至面板下方的【创建新图层】按钮田上，创建【背景 拷贝】图层。

步骤 03 选择【图像】▷【调整】▷【亮度/对比度】命令对首饰进行明暗处理，如下图所示。

步骤 04 使用【锐化工具】△，对珠宝进行锐化处理、提亮，效果如下页图所示。

度】命令对绿色宝石进行调色处理，调出黄色珠宝首饰效果。

步骤 05 再次复制【背景 拷贝】图层，如下图所示。

步骤 06 选择【钢笔工具】对绿色宝石进行抠图处理。

步骤 08 同理再次复制图层创建选区进行调色，调出蓝色珠宝首饰效果，保存文件，最终效果如下图所示。

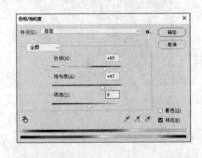

步骤 07 选择【图像】▶【调整】▶【色相/饱和

13.3 淘宝美工之宝贝详情图

本实例主要学习如何综合运用各种工具制作淘宝中的宝贝详情图，效果如下图所示。

素材 \ch13\3.jpg

结果 \ch13\ 宝贝详情 .psd

下面详细介绍淘宝美工之宝贝详情图的绘制过程。

1. 新建文件

选择【文件】➤【新建】命令，在弹出的【新建文档】对话框中设置名称为"淘宝详情"。设置宽度为"600像素"，高度为"800像素"，分辨率为"72像素/英寸"，颜色模式为"Lab颜色"。单击【创建】按钮，创建出一个空白文档。

2. 打开素材文件并绘制图形

步骤 01 打开"素材\ch13\3.jpg"文件。

步骤 02 使用【移动工具】 ➕ 将素材图像拖到新建文件中，并使用【自由变换工具】调整图像的大小和位置如下图所示。

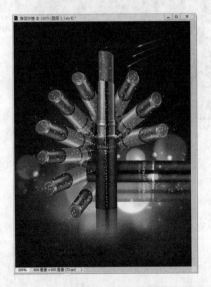

步骤 03 新建一个图层，选择【矩形工具】绘制一个白色矩形。

步骤 04 选择【横排文字工具】在白色矩形上方输入文字，并调整文字属性，如下图所示。

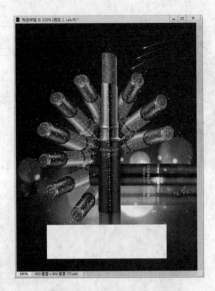

步骤 05 继续使用【横排文字工具】在白色矩形上方输入文字，并调整文字属性，如下页图

所示。

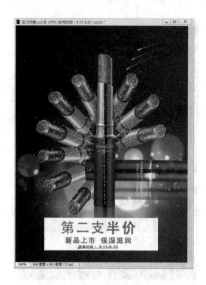

步骤 06 继续使用【横排文字工具】在白色矩形上方输入文字，并调整文字属性，如下图所示。

步骤 07 新建一个图层，使用【铅笔工具】 在白色矩形上方绘制一条枚红色的分割线，铅笔大小为"2像素"，如下图所示。

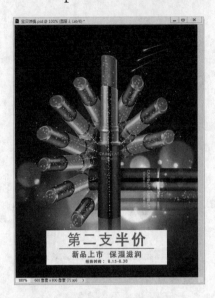

步骤 08 新建一个图层，使用【铅笔工具】 在白色矩形上方绘制一条白色的矩形框，铅笔大小为"2像素"，如下图所示。

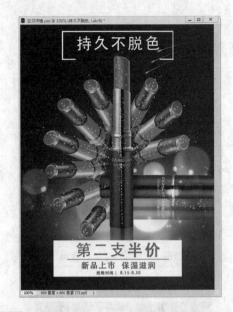

步骤 10 使用【横排文字工具】在白色矩形下方输入文字，并调整文字属性，如下图所示。

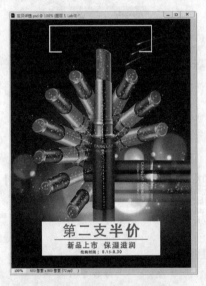

步骤 09 使用【横排文字工具】 在白色矩形中间输入文字，并调整文字属性，如下图所示。

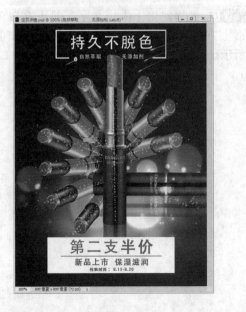

3. 绘制图标

步骤 01 新建一个图层，选择【椭圆工具】绘制一个枚红色圆形。

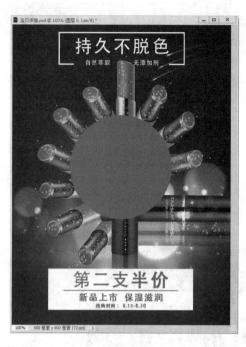

步骤 02 复制创建的圆形图层，填充白色，然后选择【多边形套索工具】选择一半圆形后删除图像，如下图所示。

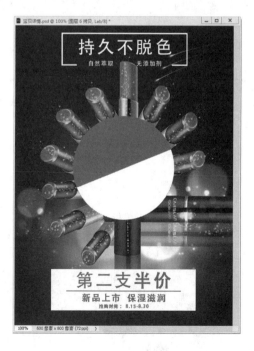

步骤 03 使用【横排文字工具】在圆形上方输入文字。

步骤 04 调整文字属性，并调整其大小和位置，最终效果如下图所示。

13.4 淘宝美工之商品广告图

本节主要学习如何综合运用各种工具制作淘宝中的商品广告图，效果如下图所示。

素材 \ch13\5.jpg   结果 \ch13\ 商品广告图 .psd

下面详细介绍淘宝美工之商品广告图的绘制过程。

1. 新建文件并填充背景

步骤 01 选择【文件】➤【新建】命令，在弹出的【新建文档】对话框中设置名称为"商品广告图"。设置宽度为"950像素"，高度为"400像素"，分辨率为"72像素/英寸"，颜色模式为"Lab颜色"，单击【创建】按钮。

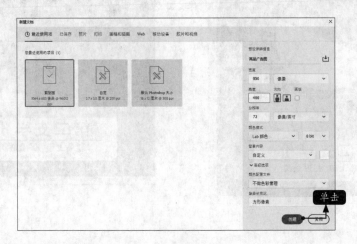

创建一个新文档，如下页图所示。

步骤 02 新建一个图层，然后使用【渐变工具】创建一个深咖啡色到浅咖啡色的线性渐变，如下图所示。

2. 打开素材文件

步骤 01 按【Ctrl+R】组合键打开标尺，然后使

用【移动工具】拉出辅助线作为排版模块，如下图所示。

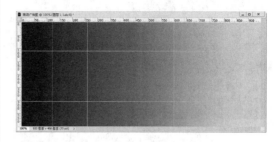

步骤 02 打开"素材\ch13\5.jpg"文件。

步骤 03 使用前面讲到的抠图方法选择人物，然后使用【移动工具】将素材图像拖到新建文件中，并使用【自由变换工具】调整图像的大小和位置如下图所示。

3. 绘制图形和文本

步骤 01 新建一个图层，选择【矩形工具】绘制一个浅粉色矩形。

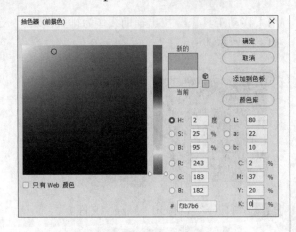

步骤 03 使用【横排文字工具】在矩形上方输入文字，并调整文字属性，最后调整的位置如下图所示。

步骤 02 使用【横排文字工具】在矩形中间输入文字，并调整文字属性，最后调整的位置如下图所示。

步骤 04 使用【横排文字工具】在矩形下方输入

文字，并调整文字属性，最后调整图表的位置如下图所示。

输入文字，并调整文字属性，最后调整的位置如下图所示。

步骤 05 新建一个图层，选择【圆角矩形工具】绘制一个圆角矩形，如下图所示。

步骤 07 使用【横排文字工具】在圆角矩形上方输入文字，并调整文字属性，最后调整的位置如下图所示。

步骤 06 使用【横排文字工具】在圆角矩形中间

步骤 08 使用【横排文字工具】在圆角矩形左方输入文字，并调整文字属性，最后调整的位置如下页图所示。

步骤09 在左上角绘制一个三角形填充浅粉色，然后使用【横排文字工具】在圆角矩形上方输入文字，并调整文字属性，最后调整的位置如下图所示。

 高手支招

技巧1：淘宝美工的定义是什么

其实，"淘宝美工"是淘宝网店页面编辑美化工作者的统称。日常工作包括网店设计、图片处理、页面设计、美化处理、促销海报设计、商品描述详情设计、专题页设计、店铺装修以及商品上下线更换等内容。不难看出，淘宝美工与传统的平面美工、网页美工等有很大的区别。

美工设计从业人员，是整个店铺视觉营销设计与装修最终的执行者，整个工作流程中显得尤为重要。必须掌握相应的专业技能，才能胜任此工作。

一个网店设计得美观与否，是至关重要的，它直接影响到店铺的销量。在线下实体店铺以及大型商场内的商铺，外部需要有门头、橱窗、活动海报等，内部有展柜、出售的商品、模特、导购等，网店需要展示这些内容，全靠美工设计人员在店铺装修上体现。

技巧2：店铺装修常见图片尺寸

淘宝店铺不同位置的图片尺寸要求也不同。图片过大，会自动被裁剪掉；图片过小，则会在周围留下空白，或者系统自动平铺。两种情况下的用户体验都是极其不好的。

所以，当我们在装修店铺设计过程中，制作不同区域的图片要根据店铺要求确定尺寸、大小等信息。这是美工人员在动手设计之前必须考虑到的，不然设计好的图，因尺寸不合适，造成后期调整，是非常麻烦的。

第4篇
高手秘籍篇

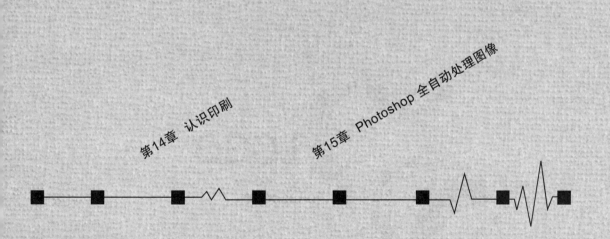

第 **14** 章

认识印刷

本章主要介绍印刷中常用的纸张类型、印刷中常用的开本尺寸、名片设计的常用尺寸、印刷中图像的分辨率和大小以及印刷中图像的色彩模式等内容。

学习效果

14.1 常用印刷纸张种类

 印刷常用纸张根据用处的不同，可以分为工业用纸、包装用纸、生活用纸、文化用纸等几类，其中文化用纸中即包括书写用纸、艺术绘画用纸、印刷用纸。在印刷用纸中，根据纸张的性能和特点又分为新闻纸、凸版印刷纸、胶版印刷涂料纸、字典纸、地图及海图纸、凹版印刷纸、画报纸、周报纸、白板纸、书面纸等。

1. 新闻纸

新闻纸是报刊及书籍的主要用纸，适用于报纸、期刊、课本、连环画等正文用纸。新闻纸的特点是纸质松软、弹性好、吸墨性能好，保证油墨能快速地固着在纸面上。纸张经过压光后两面平滑，不起毛，从而可使两面印迹比较清晰而饱满，有一定的机械强度并且不透明性能好，适合于高速轮转机印刷。

新闻纸含有大量的木质素和其他杂质，不宜长期存放。保存时间过长，纸张会变黄发脆，抗水性能差，不宜书写等。必须使用印报油墨或书籍油墨，油墨黏度不要过高，平版印刷时必须严格控制版面水分。

重量：（49~52）± 2g/㎡

平版纸规格：787mm × 1092mm、850mm × 1 168mm、880mm × 1 230mm

卷筒纸规格：宽度为787mm、1 092mm、1 575mm；长度约6 000~8 000m

2. 凸版印刷纸（凸版纸）

凸版纸是采用凸版印刷书籍、杂志时的主要用纸，适合用于重要著作、科技图书、学术刊物、大中专教材等正文用纸。凸版纸按纸张用料成分配比的不同，可分为1号、2号、3号和4号四个级别。纸张的号数代表纸质的好坏程度，号数越大纸质越差。

凸版印刷纸主要供凸版印刷使用。凸版纸的纤维组织比较均匀，同时纤维间的空隙又被一定量的填料与胶纸所填充，并且还经过漂白处理，所以对印刷具有较好的适应性。

凸版纸具有质地均匀、不起毛、略有弹性、不透明，稍有抗水性能，有一定的机械强度等特性。

重量：（49~60）± 2g/㎡

平板纸规格：787mm × 1 092mm、850mm × 1 168mm、880mm × 1 230mm；还有一些其他尺寸规格的纸张

卷筒纸规格：宽度为787mm、1 092mm、1 575mm

长度约6 000mm ~ 8 000m

3. 胶版印刷纸（胶版纸）

胶版纸主要供平板印刷书籍、杂志、报纸、彩色画报、画册、宣传画和色彩商标等的使用。印刷的单面胶版纸用于印刷彩色宣传画、软包烟盒和商标等，双面胶版纸用于印刷图片、插图和地图等。

胶版纸按纸浆料的配比分为特号、1号和2号三种，有单面和双面之分，还有超级压光与普通压光两个等级。

胶版纸伸缩性小，对油墨的吸收性均匀、平滑度好，质地紧密不透明，白度好，抗水性能

强。应选用结膜型胶印油墨和质量较好的铅印油墨。油墨的黏度也不宜过高，否则会出现脱粉、拉毛现象。还要防止背面粘脏，一般采用防脏剂、喷粉或夹衬纸。

重量：50、60、70、80、90、100、120、150、180（g/㎡）

平板纸规格：787mm×1 092mm、850mm×1 168mm、880mm×1 230mm

卷筒纸规格：宽度787mm、1 092mm、850mm

4. 胶版印刷涂料纸（铜版纸）

铜版纸又称为涂料纸，这种纸是在原纸上涂布一层白色浆料，经过压光而制成的。纸张表面光滑，白度较高，纸质纤维分布均匀，厚薄一致，伸缩性小，有较好的弹性和较强的抗水性能，对油墨的吸收性与接收状态良好。铜版纸主要用于印刷画册、封面、明信片、精美的产品样本以及彩色商标等。铜版纸印刷时压力不宜过大，要选用胶印树脂型油墨以及亮色油墨。要防止背面粘脏，可采用加防脏剂、喷粉等方法。铜版纸有单、双面两类。

重量：70、80、100、105、115、120、128、150、157、180、200、210、240、250（g/㎡）

其中：105、115、128、157（g/㎡）进口纸规格较多。

5. 凹版印刷纸

纸质要求洁白坚挺，有良好的平滑度和耐水性，印刷时不能有掉粉、起毛和透印现象，适用于印刷钞票纸和邮票纸。

6. 白板纸与白卡纸

白板纸纤维组织均匀，面层有填料与胶料，表面涂有一层涂层。经多辊压光，纸板质地紧密。纸面一般较洁白平滑，具有均匀的吸墨性质，有较好的耐折度。纸背一般为灰色或者白色，没有涂层，是明显有正背区别的板纸。也有少量的双面涂层白板纸，主要供印刷各种商品包装盒与商品装潢使用，也可以印刷各种教育卡片。一般定量有200g/㎡、220g/㎡、250g/㎡、270g/㎡、300g/㎡、350g/㎡、400g/㎡、450g/㎡。

白卡纸是一种较厚实坚挺的白色卡纸，主要用于印制名片、明信片、请柬、证书及小型包装（烟盒大多使用白卡纸或者彩色卡纸和金银卡纸）。白卡纸正面有光泽，反面比白板纸白。

7. 轻涂纸（轻量涂布纸）

轻涂纸是在原纸的正反面加上一层薄薄的涂料，再经过超级压光，以利改善物理性能和印刷适用性。从纸的性能上讲，轻涂纸介于铜版纸和胶版纸之间，彩印效果可与铜版纸相媲美，成本低，附加值高，并且印刷图像比胶版纸清晰逼真，色泽饱满鲜艳，网点清晰明朗，立体感强，是杂志、报刊、优质杂志广告插页和中小学美术课本用纸。但一般纸色偏黄，纸薄易透墨，印刷墨色也不太均匀。一般定量有60g、70g、80g和90g等，属于薄纸性。

8. 瓦楞纸

一般不直接用来印刷，而是与印好的纸张粘贴在一起，起到增加厚度和强度作用。主要用在包装盒上，是一种包装用纸。按厚度分主要有微型瓦楞纸、中型瓦楞纸和重型瓦楞纸，按瓦楞波纹分为V型、U型和UV型。

9. 特种纸

印刷用的各种彩色纸和带有花纹的纸张。不同生产厂家生产的纸的颜色、质地和名称不同，一般常用的有布纹纸、条纹纸、半透明的硫酸纸、带闪光的各种星光（或星梭、星梦）纸、珠光纸、彩色中带白色纹理的驼呢纸、古陶文的古陶纸、像布面的雅格纸及金银卡纸等。这些纸都有各种颜色和各种纹理，选择范围非常大。特种纸主要用于制作书籍封面、包装盒、请柬、名片和其他各种卡片。

14.2 印刷中常用的开本尺寸

开本按照尺寸的大小通常分为大型开本、中型开本和小型开本三种类型。以787×1092的纸来说，12开以上的为大型开本，16~36开的为中型开本，40开以下的为小型开本，但以文字为主的书籍一般为中型开本。开本形状除了6开、12开、20开、24开、40开近似正方形外，其余均为比例不等的长方形，分别适用于性质不同的各种书籍。

1. 正度纸张：787mm×1092mm

2开：540mm×780 mm

3开：360mm×780 mm

4开：390mm×543 mm

6开：360mm×390 mm

8开：270mm×390 mm

16开：195mm×270 mm

32开：195mm×135 mm

64开：135mm×95 mm

2. 大度纸张：889mm×1194mm

2开：590mm×880 mm

3开：395mm×880 mm

4开：440mm×590 mm

6开：395mm×440 mm

8开：295mm×440 mm

16开：220mm×295 mm

32开：220mm×145 mm

64开：110mm×145 mm

3. 印刷品成品尺寸

大度

2开：870mm×570mm

3开：390mm×870mm，420mm×580mm

4开：420mm×580mm，290mm×870mm

8开：420mm×285mm，210mm×570mm

16开：210mm×285mm

32开：210mm×140mm，105mm×285mm

48开：折纸 95mm×210mm

48开：92mm×210mm

正度

2开：760mm×520mm

3开：350mm×760mm，360mm×680mm

4开：370mm×520mm，260mm×760mm

8开：185mm×520mm，370mm×260mm

16开：185mm×260mm

32开：185mm×130mm，92mm×260mm

48开：折纸 86mm×185mm

48开：83mm×185mm

4. 16开尺寸

标准型

大度16开：210mm×285mm（成品尺寸）　　214mm×289mm（加出血尺寸）

正度16开：185mm×260mm（成品尺寸）　　189mm×264mm（加出血尺寸）

长型

大度16开：420mm×140mm（成品尺寸）　　424mm×144mm（加出血尺寸）

正度16开：370mm×125mm（成品尺寸）　　374mm×129mm（加出血尺寸）

5. 8开宣尺寸

标准型

大度8开：420mm×285mm（成品尺寸）　　424mm×289mm（加出血尺寸）

正度8开：370mm×260mm（成品尺寸）　　374mm×264mm（加出血尺寸）

长型

大度8开：574mm×205mm（成品尺寸）　　574mm×209mm（加出血尺寸）

正度8开：520mm×180mm（成品尺寸）　　524mm×184mm（加出血尺寸）

6. 4开宣尺寸

标准型

大度4开：420mm×570mm（成品尺寸）　　424mm×574mm（加出血尺寸）

正度4开：370mm×520mm（成品尺寸）　　374mm×524mm（加出血尺寸）

长型

大度4开：840mm×280mm（成品尺寸）　　844mm×284mm（加出血尺寸）

正度4开：740mm×255mm（成品尺寸）　　744mm×259mm（加出血尺寸）

7. 32开宣尺寸

标准型

大度32开：210mm×140mm（成品尺寸）　　214mm×144mm（加出血尺寸）

正度32开：185mm×125mm（成品尺寸）　　191mm×131mm（加出血尺寸）

长型

大度32开：285mm×100mm（成品尺寸）　　289mm×104mm（加出血尺寸）

正度32开：255mm×90mm（成品尺寸）　　259mm×94mm（加出血尺寸）

14.3 名片设计的常用尺寸

名片设计符合一定的标准才能更美观，给客户留下深刻印象

（1）名片标准尺寸：90mm×54mm，90mm×50mm，90mm×45mm。但是加上出血上下左右各2mm，所以制作尺寸必须设定为94mm×58mm，94mm×54mm，94mm×48mm。

（2）如果成品尺寸超出一张名片的大小，应注明需要的正确尺寸，上下左右也是各2mm的出血。

（3）名片排版方法。

名片排版时，应将文字等内容放置于裁切线内3mm，名片裁切后才更美观。

（4）名片样式。

- 横式名片：90mm×54mm。
- 竖式名片：54mm×90mm。
- 折叠名片：90mm×90mm（方形）或180mm×54mm及异型名片。

14.4 印刷中图像的分辨率和大小

分辨率与图像质量密切相关，是衡量图像细节表现力的重要参数。在印刷图片时，设置适合的图像分辨率，既能减少存储空间又能更好地表现图像质量，所以在整个设计制作的过程中起着至关重要的作用。

1. 印刷中图像的分辨率

图像分辨率是指图像中存储的信息量，是计算一英寸面积内像素的多少，以每英寸的像素数（PPI，pixel per inch）来衡量。

分辨率的种类有很多，含义也各不相同，下面介绍用Photoshop软件制作印刷品时所需要用到的两种：扫描分辨率和印刷分辨率。

（1）扫描分辨率：扫描分辨率指的是多功能一体机在实现扫描功能时，通过扫描元件将扫描对象每英寸可以被表示成的点数（DPI，dots per inch），DPI值越大，扫描的效果也就越好。它用垂直分辨率和水平分辨率相乘来表示。

（2）印刷分辨率：是指将数码图像进行大量印刷时，印刷制图所选用的分辨率，指的是在单位长度上具有的印刷线数（LPI，line per inch），即"线/英寸"，意思是在每英寸长度上有多少条印刷线。

印刷上所有的LPI值与原始图像的PPI值的关系是：PPI值=LPI值×2×印刷图像的最大尺寸÷原始图像的最大尺寸。一般说来，遵循这一公式能使原始图像在印刷中得到较好的反映。

在印刷中应根据图像用途来确定分辨率，但若设定太高，占用空间大；若设置太低，影响图像细节的表达。所以应考虑输出因素来确定图像分辨率。因此在图像处理中选择合适的图像分辨率值，既能保证图像质量，又能提高工作效率和减少投资。

2. 分辨率与文件大小

文件大小是指图像以像素表示的多少，单位是千字节（1KB）、兆字节（MB）或千兆字节（GB）。Photoshop支持的最大图像文件大小为2GB。

分辨率的增大会使图像文件大小急剧增大，分辨率每提高1倍，文件大小要增加4倍。这样不仅占用大量的硬盘空间，而且运行速度慢，所以在保持良好图像品质的前提下，应尽量选择最低的分辨率，减少文件所占用的磁盘空间。

14.5 印刷中图像的色彩模式

 色彩模式是数字世界中表示颜色的一种算法。由于成色原理的不同，使得不同的印刷设备在生成颜色方式上存在区别。

Photoshop支持的颜色模式，包括RGB模式、CMYK模式、Lab模式、HSB模式、Indexed模式、GrauScale模式、Bitmap模式、Duotone双色套模式。其中，RGB模式和CMYK模式是两种常见的色彩模式。

1. RGB模式

R代表Red（红色），G代表Green（绿色），B代表Blue（蓝色）。在自然界中肉眼所能看到的任何色彩都可以由这三种色彩混合叠加而成，它是最基础的色彩模式，也是一个重要的模式。

RGB模式是一种加色法模式，通过R、G、B的辐射量，可描述出任一颜色。计算机定义颜色时R、G、B三种成分的取值范围是0~255，这三种原色可产生16 777 216（256×256×256）种颜色，能达到很好的模拟自然界颜色效果，适用于显示器、投影仪、扫描仪、数码相机等。

2. CMYK模式

C代表Cyan（青色），M代表Magenta（洋红色），Y代表Yellow（黄色），K代表Black（黑色）。每种 CMYK 四色油墨可使用从0~100%的值。CMYK模式针对印刷媒介。它是光线照到油墨的纸上，基于油墨的光吸收特性，部分塔顶频率的光谱被吸收后，反射到人眼中剩余的光的颜色，适用于打印机、印刷机等。

在Photoshop中，如以RGB模式输出的图片直接打印，印刷品的实际颜色将与预览颜色有较大差异。所以在准备打印图像时，应使用CMYK模式。

Photoshop 全自动处理图像

在Photoshop中，可以将各种功能录制为动作，这样就可以重复使用。另外，Photoshop还提供了各种自动处理命令，可以使用户的工作不再重复。

15.1 使用动作快速应用效果

Photoshop 2020不仅是一个功能强大的图像设计、制作工具，而且是一个具有强大图像处理功能的工具。

使用者如果面对的是成百上千乃至上万的图像需要进行处理，而对这些图像的处理过程又基本一致，比如调整它的尺寸和转换格式、转换色彩模式，是否需要一张一张打开，一张一张调整转换，再一张一张选择路径保存呢？常规的操作很枯燥，而且难免出错。Photoshop中内建的【动作】命令，可以高效、准确地处理一系列重复工作。【动作】可以将用户对图像的多数操作记录下来，生成一个后缀为".atn"的文件，保存在Photoshop安装目录里。当用户需要再次进行同样的操作时，可以调用它，而不需要一步一步地重复前面的操作。用户只需要对一张图片进行操作，将操作过程录制下来，然后通过另外一个程序就可以对成千上万张图片进行同样的处理，它提高了工作效率，减轻了负担。

动作是指在单个文件或一批文件上执行的一系列任务，如菜单命令、面板选项、工具动作等。例如，可以创建这样一个动作，首先更改图像大小，对图像应用效果，然后按照所需格式存储文件，这样就可以加快图像处理的速度，快速应用效果。

15.1.1 认识【动作】面板

Photoshop 2020中的大多数命令和工具操作可以记录在动作之中，动作可以包含停止，可以执行无法记录的任务，例如，使用绘画工作。动作也可以包含模态控制，可以在执行动作时在对话框中输入参数，增加动作的灵活性。

在Photoshop 2020窗口中选择【窗口】▷【动作】命令或按【Alt+F9】组合键，可以显示或隐藏【动作】面板。使用【动作】面板可以记录、播放、编辑和删除个别动作，还可以存储和载入动作文件。下面介绍【动作】面板。

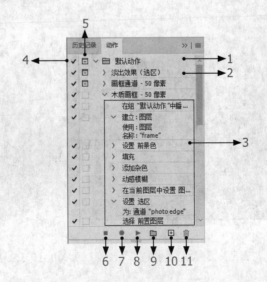

1. 动作组

默认动作是系统预定义的工作，用户也可以创建动作组。

2. 动作

系统预定义的工作包括多个，如淡出效果、木质画框等。

3. 动作命令

在一个预定义动作中，包括已记录的多个动作命令。

4. 切换项目开/关

如果动作组、动作和命令前显示有该图标，表示这个动作组、动作和命令可以执行；如果动作组、动作前没有该图标，表示该动作组或动作不能被执行；如果某一命令前没有该图标，则表示该命令不能被执行。

5. 切换对话开/关

如果命令前显示该图标，表示动作执行到该命令时会暂停，并打开相应命令的对话框，此时可以修改命令的参数，单击【确定】按钮可以继续执行后面的动作；如果动作组和动作前出现该图标，则表示该动作中有部分命令设置了暂停。

6. 【停止播放/记录】按钮

单击该按钮，可以停止播放动作和停止记录动作。

7. 【开始记录】按钮

单击该按钮，可以记录动作。

8. 【播放选定的动作】按钮

选择一个动作后，单击该按钮可以播放该动作。

9. 【创建新组】按钮

可以创建一个新的动作组，以保存新建的动作。

10. 【创建新动作】按钮

单击该按钮，可以创建一个新的动作。

11. 【删除】按钮

选择动作组、动作命令后，单击该按钮，可以将其删除。

另外，单击【动作】面板右上角的小三角形，弹出【动作】快捷菜单，在其中用户可以单击相应的菜单命令对动作进行操作，如新建动作、新建组、复制、删除等。

15.1.2 应用预设动作

Photoshop 2020附带了许多预定义的动作，可以按原样使用这些预定义的动作，这些预设动作包括淡出效果、画框通道、木质画框、投影、水中倒影、自定义RGB到灰度、熔化的铅块、制作粘贴路径、棕褐色调、四分颜色、存储为Photoshop PDF、渐变映射。下面通过木质画框实例介绍这些预设动作。

步骤 01 打开"素材\ch15\1.jpg"文件。

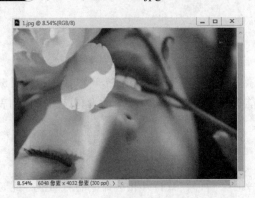

应用【棕褐色调（图层）】动作的效果如下图所示。

步骤 02 打开【动作】面板，在【默认动作】组中选中【棕褐色调（图层）】选项，并单击【动作】面板中的【播放选定的动作】按钮 ▶ 。

15.1.3 创建动作

虽然Photoshop 2020 附带了许多预定义功能，但用户还可以根据自己的需要定义动作或创建动作。

创建动作的具体操作步骤如下。

1. 新建文件

步骤 01 选择【文件】➤【新建】命令，在弹出的【新建】对话框中设置【宽度】为"600像素"，【高度】为"600像素"，【分辨率】为"72像素/英寸"，【颜色模式】为"RGB"，单击【确定】按钮。

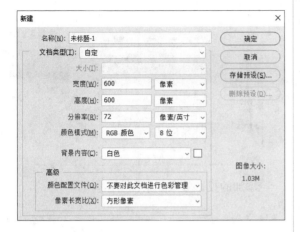

即可新建一个空白文档，如下图所示。

步骤02 选择【横排文字工具】 **T.**，在【字符】选项栏中设置各项参数，颜色设置为黄色（R:255 G:204 B:0），在文档中单击鼠标，输入标题文字，如下图所示。

2. 新建动作

步骤01 按【Alt+F9】组合键打开【动作】面板，单击【新建组】按钮 ▢ 。

步骤02 弹出【新建组】对话框，在【名称】文本框中输入新建组的名称，如"闪烁字"，单击【确定】按钮。

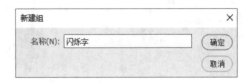

即可创建一个新的动作组，如下图所示。

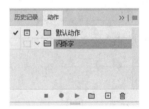

步骤03 选中新建的动作组，单击【创建新动作】按钮 ⊞ ，即可打开【新建动作】对话框，在【名称】文本框中输入创建的新动作名称，如"闪烁字"。

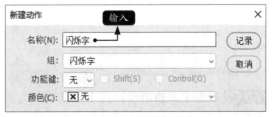

【记录】按钮变为"红色"，即可开始记录动作。

3. 记录动作

步骤 01 在【图层】面板中，单击【添加图层样式】按钮 **fx**，为字体添加【描边】效果，设置其参数，其中描边颜色值为"RGB值为0,200,255"，单击【确定】按钮。

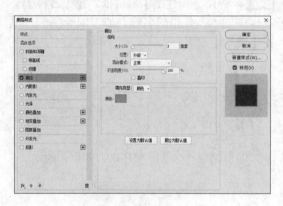

添加描边后的效果如下图所示。

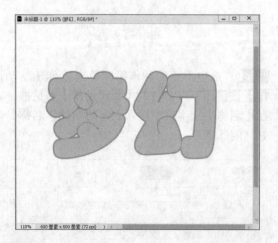

步骤 02 单击【添加图层样式】按钮 **fx**，为图案添加【投影】效果。弹出【图层样式】对话框，设置【结构】和【品质】的参数，单击

【确定】按钮。

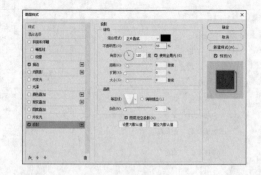

添加的投影效果如下图所示。

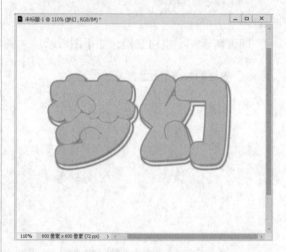

步骤 03 单击【添加图层样式】按钮 **fx**，为图案添加【斜面和浮雕】效果。弹出【图层样式】对话框，设置【斜面和浮雕】的参数，然后单击【等高线】选项，然后设置【图素】的参数，单击【确定】按钮。

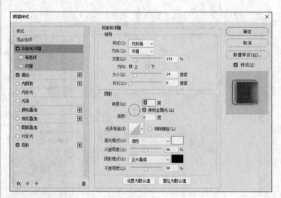

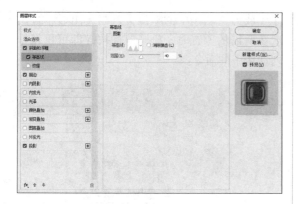

步骤 04 单击【确定】按钮，效果如下图所示。

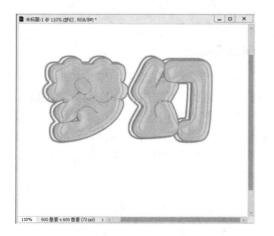

步骤 05 创建一个闪烁字，这样制作闪烁字的全部过程都记录在【动作】面板中的【闪烁字】动作中。

步骤 06 单击【停止播放/记录】按钮 ■，即可停止录制。这样，一个新的动作即创建完成。

15.1.4 编辑与自定义动作

在Photoshop 2020中可以轻松编辑和自定义动作，即可以调整动作中任何特定命令的设置，向现有动作添加命令或遍历整个动作并更改任何或全部设置。

1. 覆盖单个命令

步骤 01 在【动作】面板中双击需要覆盖的命令，如这里选中新创建的【闪烁字】动作。

步骤 02 随即打开【图层样式-描边】对话框，如将【填充类型】设置为"渐变"，并设置渐变色及样式等，单击【确定】按钮即可覆盖当前选定的动作。

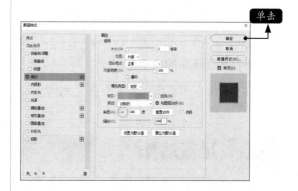

2. 向动作中添加命令

步骤 01 打开【动作】面板，选择动作的名称或动作中的命令，单击【开始记录】按钮 ●。

即可进行操作，该操作也会被添加到命令中。

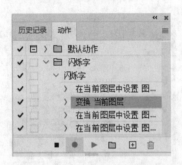

步骤 02 完成后，单击【动作】面板中的【停止播放/记录】按钮 ■，即可停止录制。

3. 重新排列动作中的命令

在【动作】面板中，将命令拖动到同一动

作中或另一动作中的新位置，当突出显示行出现在所需的位置时，松开鼠标按键即可重新排列动作中的命令。

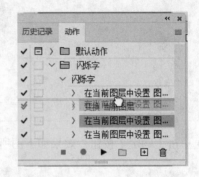

4. 再次录制

对于已经录制完成的动作，如果希望对其进行再次录制，可以按照如下操作步骤进行。

打开【动作】面板，选中需要再次录制的动作，然后单击【动作】面板右侧的 ≡ 按钮，从弹出的快捷菜单中选择【再次记录】命令，即可进行再次录制。

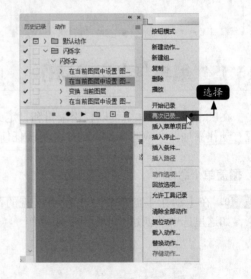

15.1.5 运行动作

在创建好一个动作并对动作进行编辑完成后，即可参照应用预设动作的方法运行创建的新动作，下页图所示即为应用新创建动作的图像效果。

15.1.6 存储与载入动作

在创建好一个新的动作之后，还可以将新创建的动作存储起来。另外，对于已经存储好的动作，还可以将其载入【动作】面板之中。具体的操作步骤如下。

1. 存储动作

步骤 01 打开【动作】面板，选择需要存储的动作组，单击右上角的 ≡ 按钮，在弹出的下拉列表中选择【存储动作】命令。

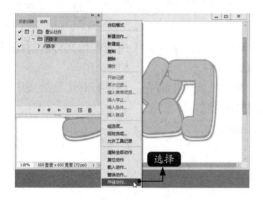

步骤 02 打开【存储】对话框，在【保存在】下拉列表中选择保存的位置，在【文件名】文本框中输入动作的名称，并单击【保存】按钮，将选中的动作组存储起来。

2. 载入动作

步骤 01 打开【动作】面板，选择需要存储的动作组，单击右上角的 ≡ 按钮，在弹出的下拉列表中选择【载入动作】命令。

步骤 02 弹出【载入】对话框，选择需要载入的动作，单击【载入】按钮。

即可将选中的动作组载入到【动作】面板中，如下图所示。

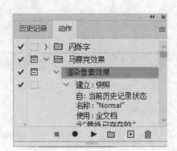

15.2 使用自动化命令处理图像

使用Photoshop 2020的自动化命令可以对图像进行批处理、快速修剪并修齐照片、镜头校正等。

15.2.1 批处理

【批处理】命令可以对一个文件夹中的文件运行动作，对该文件夹中所有图像文件进行编辑处理，从而实现操作自动化。显然，选择【批处理】命令将依赖于某个具体的动作。

在Photoshop 2020窗口中选择【文件】➤【自动】➤【批处理】命令，即可打开【批处理】对话框。对话框中有4个参数区，用来定义批处理时的具体方案。

1.【播放】选区

组：单击【组】下拉按钮，在弹出的下拉列表中显示当前【动作】面板中所载入的全部动作序列，用户可以自行选择。

动作：单击【动作】下拉按钮，在弹出的下拉列表中显示当前选定的动作序列中的全部动作，用户可以自行选择。

2.【源】选区

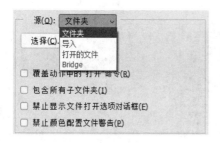

文件夹：用户对已存储在计算机中的文件播放动作，单击【选择】按钮可以查找并选择文件夹。

导入：用于对来自数码相机或扫描仪的图像导入和播放动作。

打开的文件：用于对所有已打开的文件播放动作。

Bridge：用于对在Photoshop 2020文件浏览器中选定的文件播放动作。

覆盖动作中的"打开"命令：如果希望让动作中的【打开】命令引用批处理文件，而不是动作中指定的文件名，则选中【覆盖动作中的"打开"命令】复选框。如果选择此选项，则动作必须包含一个【打开】命令，因为【批处理】命令不会自动打开源文件，如果记录的动作是在打开的文件上操作的，或者动作包含所需要的特定文件的【打开】命令，则取消选择【覆盖动作中的"打开"命令】复选框。

包含所有子文件夹：选择【包含所有子文件夹】复选框，则处理文件夹中的所有文件，否则仅处理指定文件夹中的文件。

禁止颜色配置文件警告：选择该选项，则关闭颜色方案信息的显示。

3.【目标】选区

无：文件将保持打开而不存储更改（除非动作包括"存储"命令）。

存储并关闭：文件将存储在它们的当前位置，并覆盖原来的文件。

文件夹：处理过的文件将存储到另一指定位置，源文件不变，单击【选择】按钮，可以指定目标文件夹。

覆盖动作中的"存储为"命令：如果希望让动作中的【存储为】命令引用批处理的文件，而不是动作中指定的文件名和位置，选择【覆盖动作中的"存储为"命令】复选框，如果选择此选项，则动作必须包含一个【存储为】命令，因为【批处理】命令不会自动存储源文件，如果动作包含它所需的特定文件的【存储】命令，则取消选择【覆盖动作中的"存储为"】复选框。

【文件命名】选区：如果选择【文件夹】作为目标，则指定文件命名规范并选择处理文件的文件兼容性选项。

对于【文件命名】，从下拉列表中选择元素，或在要组合为所有文件的默认名称的栏中输入文件，这些栏可以更改文件名各部分的顺序和格式，因为子文件夹中的文件有可能重名，所以每个文件必须至少一个唯一的栏，以防文件相互覆盖。

对于【兼容性】，默认选取"Windows"。

4.【错误】下拉列表

由于错误而停止：出错将停止处理，直到确认错误信息止。

将错误记录到文件：将所有错误记录在一个指定的文本文件中而不停止处理，如果有错误记录到文件中，则在处理完毕后将出现一条信息，若要使用错误文件，需要单击【存储为】按钮，并重命名错误文件名。

下面以给多张图片添加木质画框为例，具体介绍如何使用【批处理】命令对图像进行批量处理。

具体的操作步骤如下。

步骤 01 打开【批处理】对话框，单击【动作】下拉按钮，从弹出的下拉列表中选择【木质相框-50像素】选项，然后单击【源】区域中的

【选择】按钮。

步骤 02 弹出【选取批处理文件夹…】对话框，选择需要批处理图片的文件夹，并单击【选择文件夹】按钮。

步骤 03 返回【批处理】对话框，单击【目标】下拉按钮，在弹出的下拉列表中选择【文件夹】选项，然后单击下方的【选择】按钮。

步骤 04 弹出【选取目标文件夹…】对话框，选择批处理后的图像所保存的位置，然后单击【选择文件夹】按钮。

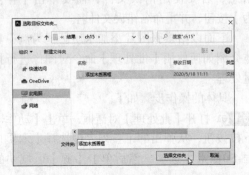

步骤 05 返回【批处理】对话框，单击【确定】按钮。

步骤 06 在对图像应用【木质相框】动作的过程中弹出【信息】提示框，单击【继续】按钮。

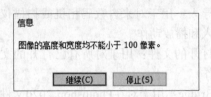

步骤 07 在对第一张图像添加好木质相框后，即可弹出【另存为】对话框，输入文件名并设置文件的存储格式，单击【保存】按钮。

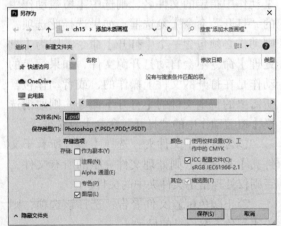

步骤 08 弹出【Photoshop 格式选项】对话框，单击【确定】按钮。

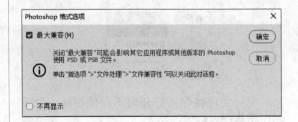

步骤 09 在对所有的图像批处理完毕后，打开存储批处理后图像保存的位置，可在该文件夹中

查看处理后的图像。

为了提高批处理性能，应减少所存储的历史记录状态的数量，并在【历史记录选项】对话框中取消选中【自动创建第一幅快照】复选框。

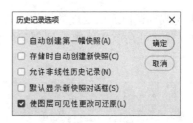

另外，要使用多个动作进行批处理，需要先创建一个播放所有其他动作的新动作，然后使用新动作进行批处理。要批处理多个文件夹，需要在一个文件夹中创建要处理的其他文件夹的别名，然后选择【包含所有子文件夹】选项。

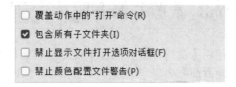

15.2.2 创建快捷批处理

在Photoshop中，动作是快捷批处理的基础，而快捷批处理是一些小的应用程序，可以自动处理拖动到其图标上的所有文件。创建快捷批处理的具体操作步骤如下。

步骤01 在Photoshop 2020窗口中选择【文件】➤【自动】➤【创建快捷批处理】命令。打开【创建快捷批处理】对话框，单击【选择】按钮。

步骤02 打开【另存为】对话框，选择要保存的目标文件夹，并在【文件名】文本框中输入文件保存的名称，单击【保存】按钮。

步骤03 返回【创建快捷批处理】对话框，可以看到文件的保存路径，单击【确定】按钮。

步骤 04 完成创建快捷批处理的操作。打开文件保存的位置，可在该文件中看到创建的快捷批处理文件。

创建好快捷批处理之后，要使用快捷批处理，只需在资源管理器中将图像文件或包含图像的文件夹拖曳到快捷处理程序图标上即可，如果应用Photoshop 2020当前没有运行，快捷批处理将启动它。

15.2.3 裁剪并修齐照片

使用【裁剪并修齐照片】命令，可以轻松地将图像从背景中提取为单独的图像文件，并自动将图像修剪整齐。

使用【裁剪并修齐照片】命令修剪并修齐倾斜照片的具体操作步骤如下。

步骤 01 打开 "素材\ch15\1.jpg" 文件。

软件会自动创建一个照片修正后的图片文件，如下图所示。

步骤 02 选择【文件】▶【自动】▶【裁剪并拉直照片】命令。

15.2.4 Photomerge

拍摄照片时，有时无法将需要的景物完全纳入镜头中，这时可以多次拍摄景物的各个部分，然后通过Photoshop 2020的【Photomerge】命令，将照片的各个部分合成为一幅完整的照片。

下面通过【Photomerge】命令学习将多张照片拼接成全景图的方法。

步骤 01 打开"素材\ch15\ p1.jpg~p3.jpg"文件。

步骤 02 选择【文件】➤【自动】➤【Photomerge】命令，打开【Photomerge】对话框，在【版面】中选择【自动】单选项，然后单击【添加打开的文件】按钮，打开图片文件会自动添加到列表中，然后勾选【混合图像】复选框，单击【确定】按钮。

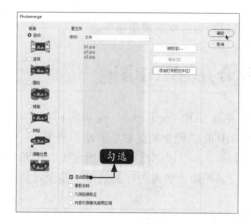

步骤 03 Photoshop 2020自动调整图像曝光并拼合图像，然后对图像进行裁切处理，使图像边缘整齐，最终效果如下图所示。

【Photomerge】对话框中主要参数含义如下。

（1）自动：Photoshop分析源图像并应用【透视】或【圆柱】和【球面】版面，具体取决于哪一种版面能够生成更好的Photomerge。

（2）透视：通过将源图像中的一个图像（默认情况下为中间的图像）指定为参考图像来创建一致的复合图像，然后变换其他图像（必要时，进行位置调整、伸展或斜切），以便匹配图层的重叠内容。

（3）圆柱：通过在展开的圆柱上显示各个图像来减少在【透视】版面中会出现的【领结】扭曲。文件的重叠内容仍匹配，将参考图像居中放置，最适合于创建宽全景图。

（4）球面：对齐并转换图像，使其映射球体内部。如果拍摄了一组环绕360度的图像，使用此选项可创建360度全景图。也可以将【球面】与其他文件集搭配使用，产生完美的全景效果。

（5）拼贴：对齐图层并匹配重叠内容，同时变换（旋转或缩放）任何源图层。

（6）调整位置：对齐图层并匹配重叠内容，但不会变换（伸展或斜切）任何源图层。

（7）【使用】下拉列表：有两个选项，一是【文件】，表示使用个别文件生成Photomerge合成图像；二是【文件夹】，表示使用存储在一个文件夹中的所有图像创建Photomerge合成图像。

（8）混合图像：找出图像间的最佳边界并根据这些边界创建接缝，以使图像的颜色相匹配。关闭【混合图像】功能时，将执行简单的矩形混合，如果要手动修饰混合蒙版，此操作将更为可取。

（9）晕影去除：在由于镜头瑕疵或镜头遮光处理不当而导致边缘较暗的图像中去除晕影并执行曝光度补偿。

（10）几何扭曲校正：补偿桶形、枕形或鱼眼失真。

15.2.5 将多张照片合并为HDR图像

Photoshop 2020使用【合并到 HDR Por】命令，可以将具有不同曝光度的同一景物的多幅图像合成在一起，并在随后生成的HDR 图像中捕捉常见的动态范围。

使用【合并到HDR Pro】命令，可以创建写实或超现实的HDR图像。借助自动消除叠影以及对色调映射，可更好地调整控制图像，获得更好的效果，甚至可使单次曝光的照片获得HDR图像的外观。

总的说来，HDR效果主要有以下三个特点。

（1）亮的地方可以非常亮。

（2）暗的地方可以非常暗。

（3）亮暗部的细节都很明显。

下面通过【合并到HDR Pro】命令学习将多张照片合并为HDR图像的方法。

步骤01 打开"素材\ch15\ p4.jpg~p6.jpg"文件。

步骤02 选择【文件】▶【自动】▶【合并到 HDR Pro】命令，打开【合并到HDR Pro】对话框，单击【添加打开的文件】按钮，单击【确定】按钮。

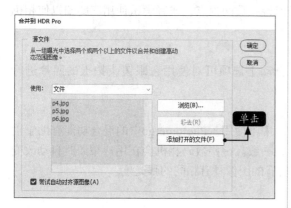

步骤03 让Photoshop 2020自动拼合图像，并且打开【手动设置曝光值】对话框，显示源图像，设置曝光参数。

步骤④ 单击【确定】按钮，打开【合并到HDR Pro】对话框，设置相关参数后单击【确定】按钮，最终效果如下图所示。

 # 高手支招

技巧1：拍摄用于Photomerge图片的规则

当需要用Photomerge命令整合全景图时，用户所拍摄的源照片在全景图合成图像中起着重要的作用。为了避免出现问题，需要按照下列规则拍摄用于Photomerge的照片。

（1）充分重叠图像。

图像之间的重叠区域应约为40%。如果重叠区域较小，则Photomerge可能无法自动汇集全景图。但是，图像也不应重叠得过多，如果图像的重合度达到70%或更高，则Photomerge 可能无法混合这些图像。

（2）使用同一焦距。

如果使用的是缩放镜头，则在拍摄照片时不要改变焦距（放大或缩小）。

（3）使相机保持水平。

尽管Photomerge可以处理图片之间的轻微旋转，但如果有好几度的倾斜，在汇集全景图时可能会导致错误，使用带有旋转头的三脚架有助于保持相机的准直和视点。

（4）保持相同的位置。

在拍摄系列照片时，尽量不要改变自己的位置，这样可使照片来自同一个视点。将相机举到靠近眼睛的位置，使用光学取景器，这样有助于保持一致的视点，或者尝试使用三脚架以使相机保持在同一位置上。

（5）避免使用扭曲镜头。

扭曲镜头可能会影响Photomerge。使用【自动】选项可对使用鱼眼镜头拍摄的照片进行调整。

（6）保持同样的曝光度。

避免在一些照片中使用闪光灯，而在其他照片中不使用。Photomerge中的混合功能有助于消除不同的曝光度，但很难使差别极大的曝光度达到一致。一些数码相机会在用户拍照时自动改变曝光设置，因此用户需要检查相机设置，以确保所有的图像具有相同的曝光度。

技巧2：动作不能保存怎么办

用户在保存动作时，经常遇到的问题是不能保存动作，此时【存储动作】命令为隐灰状态，不能选择。出现此问题的原因是用户选择错误所致，因为用户选择的是动作而不是动作组，所以不能保存。选择动作所在的动作组后，故障即可消失。